高职高专"十二五"规划教材

电子技术及应用

主　编　龙关锦　仇礼娟
副主编　张国勤　黄　宁　李　凡

北　京
冶金工业出版社
2021

内 容 提 要

本书共分 6 个学习情境，以任务的形式讲解了二极管整流稳压电源、语音放大器、常用组合逻辑电路和数字电子钟的安装与调试，相控整流电路和逆变电路的分析与测试。每个任务下都安排有任务描述与分析、相关知识、知识拓展和习题，主题突出、目的明确。

本书可作为高等院校电气自动化技术、机电一体化技术、供用电技术、电机与电器技术等专业"电子技术"课程的教材，也可作为成人教育、函授培训的教材，还可供相关专业工程技术人员参考。

图书在版编目(CIP)数据

电子技术及应用/龙关锦，仇礼娟主编 . —北京：冶金工业出版社，2015.7（2021.9 重印）
高职高专"十二五"规划教材
ISBN 978-7-5024-7005-0

Ⅰ.①电… Ⅱ.①龙… ②仇… Ⅲ.①电子技术—高等职业教育—教材 Ⅳ.①TN

中国版本图书馆 CIP 数据核字（2015）第 159280 号

出 版 人　苏长永
地　　址　北京市东城区嵩祝院北巷 39 号　邮编　100009　电话　(010)64027926
网　　址　www. cnmip. com. cn　电子信箱　yjcbs@ cnmip. com. cn
责任编辑　俞跃春　戈 兰　美术编辑　彭子赫　版式设计　孙跃红
责任校对　李 娜　责任印制　李玉山
ISBN 978-7-5024-7005-0
冶金工业出版社出版发行；各地新华书店经销；北京印刷集团有限责任公司印刷
2015 年 7 月第 1 版，2021 年 9 月第 6 次印刷
787mm×1092mm　1/16；14 印张；332 千字；208 页
34. 00 元

冶金工业出版社　投稿电话　**(010)64027932**　投稿信箱　**tougao@ cnmip. com. cn**
冶金工业出版社营销中心　电话　**(010)64044283**　传真　**(010)64027893**
冶金工业出版社天猫旗舰店　**yjgycbs. tmall. com**
（本书如有印装质量问题，本社营销中心负责退换）

前　言

为了更好地满足当前我国高等职业教育电气和电子类专业的教学要求，全面提升教学质量和教学效率，满足我国高职院校从精英教育向大众化教育的重大转移阶段中社会对高校应用型人才培养的各类要求，探索我国高等学校应用型人才培养体系，本书编者成员通过大量的下厂实际调研，走访了多个厂矿的电气工程人员，结合各类厂矿对电气人员的需求和要求，也结合高职院校在校学生的实际学习情况，特别是把以往单独开设的"电力电子技术"相关内容融合到本书中，做到了内容精简、知识结构安排合理，并参照电工职业技能鉴定规范及高级电工技术工人等级考核标准编写了本书。

本书讲授了模拟电子技术、数字电子技术和电力电子技术三门课程的主要知识和技能，内容定位准确，针对性强，并通过学习情境和任务栏目的设计，突出教学的互动性，启发学生的自主学习，在内容的选择和组织上，坚持以能力为本位，重视实践技能的培养。本书内容涉及面广，语言浅显易懂。

本书由龙关锦、仇礼娟担任主编，张国勤、黄宁和李凡担任副主编，刘正英、刘廷敏、谢丽娟、杨拥华、杨文伟参编。全书共分六个学习情境，其中情境1由龙关锦老师编写；情境2由仇礼娟、刘廷敏、谢丽娟、杨拥华老师编写；情境3由龙关锦、张国勤、刘正英老师编写；情境4由黄宁、张国勤老师编写；情境5由李凡老师编写；情境6由李凡老师、杨文伟高级工程师编写。每一个学习情境下安排有相应的学习性工作任务，每个学习性工作任务编排有任务描述与分析、与任务相关的应用知识点，与任务相联系的拓展知识。全书注重基本知识和综合实践能力相结合，可操作性和实用性强。

本书在编写的过程中得到了程龙泉副教授、满海波副教授的大力支持，部分校企合作企业提供了实际的企业案例，在此表示衷心的感谢。

与本书配套的实验实训教材《电子技术及应用实验实训指导》由冶金工业出版社于2015年8月出版，读者可参考使用。

由于编者水平所限，书中不妥之处，恳请广大读者批评指正。

编　者

2015 年 3 月

目 录

情境 1 二极管整流稳压电源的组装与调试

几乎在所有的电子电路中，都要用到半导体二极管，它在许多的电路中起着重要的作用，本学习情境以实际生产中的产品——二极管整流稳压电源为导向，围绕两个任务，结合实际电路介绍模拟电子技术的基本概念、原理及分析方法，并运用所学的理论知识对二极管整流稳压电源进行组装、调试。二极管整流稳压电源电路原理如图 1 - 1 所示。

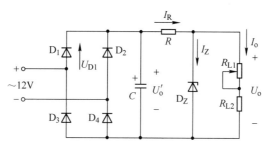

图 1 - 1　二极管整流稳压电源电路原理

任务 1.1　二极管的识别与检测

【知识目标】

（1）掌握 PN 结的单向导电性。
（2）了解半导体二极管结构。
（3）掌握二极管电压、电流关系和主要参数。

【能力目标】

（1）会判断二极管的类型和工作状态。
（2）能够用万用表检测二极管极性及好坏。

1.1.1　任务描述与分析

二极管是电子电路中最基本、最常用的半导体器件。本任务围绕二极管的单向导电作用这个核心问题来讨论它的基本结构、工作原理、特性曲线及主要参数掌握二极管的识别方法、测试方法以及特性参数是电子工程技术人员的基本技能。

1.1.2　相关知识

1.1.2.1　半导体知识

在自然界，物质按其导电性能可分为导体、半导体和绝缘体。半导体材料是指导电性能介于导体和绝缘体之间的物体，常见的有硅和锗，它们都是 4 价元素。半导体具有下列特性：

（1）热敏性。半导体的导电能力受环境温度影响很大，随着温度的升高，其导电能力变好。

（2）光敏性。半导体的导电能力对光照辐射也很敏感。光照越强导电能力越强，利用半导体的光敏特性可以制成光敏电阻、光敏二极管、光敏晶体管等。

（3）掺杂性。在纯净的半导体中掺入微量杂质，可以显著提高它的导电能力。掺杂浓度越高，导电性就越强。

A　本征半导体

纯净的没有杂质的单晶体结构的半导体，称为本征半导体。

本征半导体的共价键结构如图 1 - 2 所示。在绝对温度 $T = 0K$ 时，所有的价电子都被共价键紧紧地束缚在共价键中，不会成为自由电子，因此本征半导体的导电能力很弱，接近绝缘体。

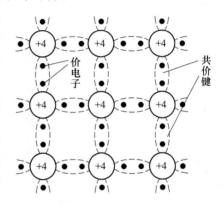

图 1 - 2　本征半导体的共价键结构

当温度升高或受到光的照射时，束缚电子能量增高，有的电子可以挣脱原子核的束缚参与导电，成为自由电子。自由电子产生的同时，在其原来的共价键中就出现了一个空位，称为空穴。这一现象称为本征激发，也称热激发。可见本征激发同时产生电子空穴对。外加能量越高（温度越高），产生的电子空穴对越多。与本征激发相反的现象称为复合。在一定温度下，本征激发和复合同时进行，达到动态平衡，电子空穴对的浓度一定。

B　掺杂半导体

为了增强半导体的导电能力，在本征半导体中人为掺入微量元素使之成为掺杂半导体。按照掺杂的不同，可获得 N 型和 P 型掺杂半导体。

（1）N 型半导体。N 型半导体（也称电子半导体）是在本征半导体中掺入了微量 5 价元素如磷，其平面模型如图 1 - 3 所示。N 型半导体中的多数载流子是自由电子。

（2）P 型半导体。P 型半导体（也称空穴半导体）是在本征半导体中掺入了微量 3 价元素如硼，其平面模型如图 1 - 4 所示。P 型半导体中的多数载流子是空穴。

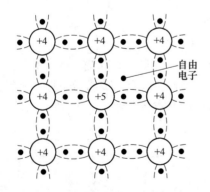

图 1 - 3　NPN 型半导体

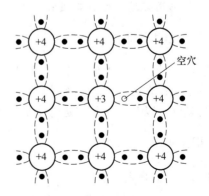

图 1 - 4　PNP 型半导体

掺杂半导体中多数载流子（称多子）数目由掺杂浓度确定，而少数载流子（称少子）数目与温度有关，温度升高时，少数载流子数目增加。

1.1.2.2　PN 结及其单向导电性

在一块半导体基片上通过适当的半导体工艺技术可以形成 P 型半导体和 N 型半导体的交接面，称为 PN 结。

如图 1 - 5 所示，PN 结就像一个阀门，当 PN 结加正向电压（正向偏置）时，P 端电位高于 N 端，PN 结变窄，由多子形成的电流可以由 P 区向 N 区流通；而当 PN 结加反向电压（反向偏置）时，N 端电位高于 P 端，PN 结变宽，由少子形成的电流极小，视为截止（不导通），这就是 PN 结的单向导电性。

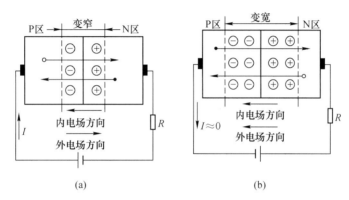

图 1 - 5　PN 结的单向导电性

（a）正向偏置；（b）反向偏置

1.1.2.3　半导体二极管

半导体二极管结构及符号如图 1 - 6 所示。

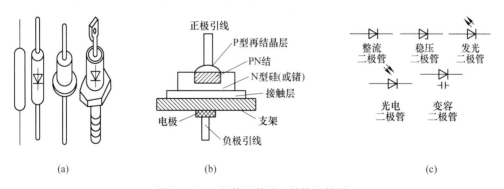

图 1 - 6　二极管的外形、结构及符号

（a）常用二极管外形；（b）二极管的内部结构及电路符号；（c）常用二极管的符号

A　二极管的伏安特性

二极管的电流与电压的关系曲线 $I = f(U)$，称为二极管的伏安特性，如图 1 - 7 所示。二极管的核心是一个 PN 结，具有单向导电性，其实际伏安特性与理论伏安特性略有区别。

由图 1 - 7 可见二极管的伏安特性曲线是非线性的，可分为三部分：正向特性、反向特性和反向击穿特性。

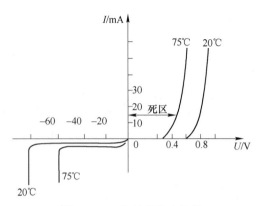

图 1 - 7　二极管的伏安特性

（1）正向特性。当外加正向电压很低时，管子内多数载流子的扩散运动没形成，故正向电流几乎为零。当正向电压超过一定数值时，才有明显的正向电流，这个电压值称为死区电压。通常硅管的死区电压约为 0.5V，锗管的死区电压约为 0.2V。当正向电压大于死区电压后，正向电流迅速增大，曲线接近上升直线，而二极管的正向压降变化很小，硅管正向压降为 0.6 ~ 0.7V，锗管的正向压降为 0.2 ~ 0.3V。二极管的伏安特性对温度很敏感，温度升高时，正向特性曲线向左移，如图 1 - 7 所示，这说明，对应同样大小的正向电流，正向压降随温升而减小。

（2）反向特性。二极管加上反向电压时，形成很小的反向电流，且在一定温度下它的数值基本维持不变，因此，当反向电压在一定范围内增大时，反向电流的大小基本恒定，而与反向电压大小无关，故称为反向饱和电流。一般小功率锗管的反向电流可达几十微安，而小功率硅管的反向电流要小得多，一般在 0.1μA 以下。当温度升高时，少数载流子数目增加，使反向电流增大，特性曲线下移。

（3）反向击穿特性。当二极管的外加反向电压大于一定数值（反向击穿电压）时，反向电流突然急剧增加，此现象称为二极管反向击穿。反向击穿电压一般在几十伏以上。

　　B　二极管的主要参数

除用伏安特性曲线表示，参数同样也能反映二极管的电性能。器件的参数是正确选择和使用器件的依据。各种器件的参数由厂家产品手册给出。由于制造工艺方面的原因，即使同一型号的管子，参数也存在一定的分散性，因此手册常给出某个参数的范围。半导体二极管的主要参数有以下几个：

（1）最大整流电流 I_{DM}。I_{DM} 指的是二极管长期工作时，允许通过的最大的正向平均电流。在使用时，电流若超过这个数值，将使 PN 结过热而把管子烧坏。

（2）反向工作峰值电压 U_{DRM}。U_{DRM} 是指管子不被击穿所允许的最大反向电压。一般这个参数是二极管反向击穿电压的一半，若反向电压超过这个数值，管子将会有击穿的危险。

（3）反向峰值电流 I_{RM}。I_{RM} 是指二极管加反向电压 U_{RM} 时的反向电流值，I_{RM} 越小二极管的单向导电性越好。I_{RM} 受温度影响很大，使用时要加以注意。硅管的反向电流较小，一般在几微安以下；锗管的反向电流较大，为硅管的几十到几百倍。

（4）最高工作频率 f_M。二极管在外加高频交流电压时，由于 PN 结的电容效应，单向导电作用退化。f_M 指的是二极管单向导电作用开始明显退化的交流信号的频率。

1.1.2.4　二极管应用电路举例

二极管的应用范围很广，主要都是利用它的单向导电性。在电路中，若二极管导通时的正向压降远小于和它串联元件的电压，二极管截止时反向电流远小于与之并联元件的电流，那么可以忽略管子的正向压降和反向电流，把二极管理想化为一个开关：当外加正向电压时，二极管导通，正向压降为零，相当于开关闭合，当外加反向电压时，二极管截止，反向电流为零，相当于开关断开。例 1 - 1 就是利用二极管作为正向限幅器的例子。

【例 1 - 1】 如图 1 - 8(a) 所示，已知 $U_i = U_m \sin\omega t$，且 $U_m > U_s$，试分析工作原理，并作出输出电压 U_o 的波形。

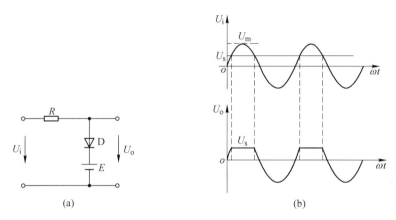

图 1 - 8　二极管应用举例

解： 二极管导通的条件是 $U_m > U_s$。由于 D 为理想二极管，因此它一旦导通，管压降为零，此时 $U_o = U_s$。

当 $U_i \leqslant U_s$ 时，二极管截止，该支路断开，R 中无电流，其压降为 0。所以 $U_o = U_i$。

根据以上分析，可作出 U_o 的波形，如图 1 - 8(b) 所示，由图可见，输出电压的正向幅度被限制在 U_s 值。

注意：作图时，U_o 和 U_i 的波形在时间轴上要对应，这样才能正确反映 U_o 的变化过程。

1.1.3　知识拓展

除了上述普通二极管外，还有一些特殊二极管，如稳压二极管（见任务 1.2）、光电二极管、发光二极管等。

1.1.3.1　光电二极管

光电二极管又称光敏二极管。它的管壳上备有一个玻璃窗口，以便于接受光照。其特点是，当光线照射于它的 PN 结时，可以成对地产生自由电子和空穴，使半导体中少数载流子的浓度提高。这些载流子在一定的反向偏置电压作用下可以产生漂移电流，使反向电流增加。因此它的反向电流随光照强度的增加而线性增加，这时光电二极管等效于一个恒流源。当无光照时，光电二极管的伏安特性与普通二极管一样。光电二极管的等效电路如图 1 – 9（a）所示，图 1 – 9（b）所示为光电二极管的符号。

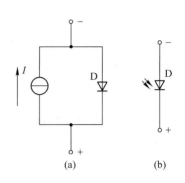

图 1 – 9　光电二极管
（a）等效电路；（b）符号

光电二极管的主要参数有：

（1）暗电流：指无光照时的反向饱和电流，一般小于 $1\mu A$。

（2）光电流：指在额定照度下的反向电流，一般为几十毫安。

（3）灵敏度：指在给定波长（如 $0.9\mu m$）的单位光功率时，光电二极管产生的光电流，一般不小于 $0.5\mu A/\mu W$。

（4）峰值波长：使光电二极管具有最高响应灵敏度（光电流最大）的光波长。一般光电二极管的峰值波长在可见光和红外线范围内。

（5）响应时间：指加定量光照后，光电流达到稳定值的 63% 所需要的时间，一般为 $10^{-7}s$。

光电二极管作为光控元件可用于各种物体检测、光电控制、自动报警等方面。当制成大面积的光电二极管时，可当做一种能源而成为光电池。此时它不需要外加电源，能够直接把光能变成电能。

1.1.3.2　发光二极管

发光二极管是一种将电能直接转换成光能的半导体固体显示器件，简称 LED（Light Emitting Diode）。和普通二极管相似，发光二极管也是由一个 PN 结构成。发光二极管的 PN 结封装在透明塑料壳内，外形有方形、矩形和圆形等。发光二极管的驱动电压低、工作电流小，具有很强的抗振动和冲击能力、体积小、可靠性高、耗电省和寿命长等优点，广泛用于信号指示等电路中。在电子技术中常用的数码管，就是用发光二极管按一定的排列组成的。

发光二极管的原理与光电二极管相反。这种管子正向偏置通过电流时会发光，这是电子与空穴直接复合时放出能量的结果。它的光谱范围比较窄，其波长由所使用的基本材料定。不同半导体材料制造的发光二极管发出不同颜色的光，如磷砷化镓材料发红光或黄光，磷化镓材料发红光或绿光，氮化镓材料发蓝光，碳化硅材料发黄光，砷化镓材料发不可见的红外线。

发光二极管的符号如图 1 – 10 所示。它的伏安特性和普通二极管相似，死区电压为 $0.9 \sim 1.1V$，其正向工作电压为 $1.5 \sim 2.5V$，工作电流为 $5 \sim 15mA$。反向击穿电压较低，一般小于 $10V$。

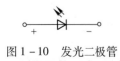

图 1 – 10　发光二极管

任务 1.2　整流稳压电路的识别与检测

【知识目标】

（1）掌握二极管几种整流电路的波形分析方法。

（2）掌握二极管几种整流电路的输入与输出计算关系。

（3）掌握稳压二极管稳压电路的工作原理。

（4）了解滤波电路的滤波原理。

【能力目标】

（1）会组装二极管整流稳压电路。

（2）能够用万用表调试二极管整流稳压电路的电压等参数。

（3）能够用万用表检测测量二极管整流稳压电路的元件及电路的故障。

1.2.1　任务描述与分析

本任务详细介绍了整流电路的类型和工作原理，稳压二极管稳压原理与分析，整流稳压电路是电子电路最基本的电路。掌握二极管桥式整流稳压电路的分析、计算及调试方法以及参数选用是电子工程技术人员的基本技能。

1.2.2　相关知识

二极管整流主要是利用二极管的单向导电性，将交流电变换成单方向的脉动直流电。根据电压的波形，整流可分为半波整流和全波整流。

1.2.2.1　单相半波整流电路

图 1-11（a）为单相半波整流时的电路，图中变压器副边电压 $u_2 = \sqrt{2}U_2\sin\omega t$。下面将 D 看做理想元件，分析电路的工作原理。

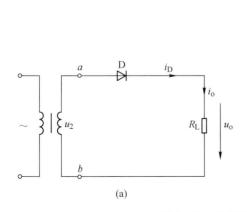
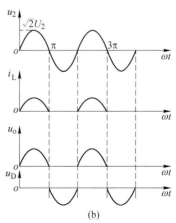

图 1-11　单相半波整流电路

当 u_2 为正半周时，a 点电位高于 b 点，D 处于正向导通状态，所以：$u_o = u_2$，$i_D = i_o = \dfrac{u_o}{R_L}$。

当 u_2 为负半周时，a 点位低于 b 点，D 处于反向截止状态，所以：$i_D = i_o = 0$，$u_o = i_o R_L = 0$，$U_D = U_2$。

根据以上分析，作出 u_D、i_D、u_o、i_o 的波形，如图 1 – 11（b）所示，可见输出为单向脉动电压。通常负载上的电压用一个周期的平均值来说明它的大小，单相半波整流输出平均电压为 $u_o = \dfrac{1}{2\pi}\displaystyle\int_0^\pi \sqrt{2}u_2 \sin\omega t\, \mathrm{d}\omega t = \dfrac{\sqrt{2}}{\pi}u_2 = 0.45u_2$，平均电流为 $I_o = \dfrac{0.45U_2}{R_L}$。

单相半波整流电路中二极管的平均电流就是整流输出的电流，即 $I_D = I_o$。从图 1 – 11（b）可以看出，在 u_2 负半周时，D 所承受的最大反向电压为 u_2 的最大值，即 $u_{DRM} = \sqrt{2}U_2$。

1.2.2.2　单相全波桥式整流电路

单相半波整流的缺点是只利用了电源的半个周期，整流电压的脉动大，输出电压的平均值小。为了克服这些缺点，通常采用全波整流电路，其中最常用的是单相全波桥式整流电路。

单相全波桥式整流电路如图 1 – 12（a）所示，图中 T_r 为电源变压器，它的作用是将交流电网电压 u_1 变成整流电路要求的交流电压 $u_2 = \sqrt{2}U_2\sin\omega t$，$R_L$ 是要求直流供电的负载电阻，四只整流二极管 $D_1 \sim D_4$ 接成电桥的形式，故有桥式整流电路之称。图 1 – 12（b）是它的简化画法。

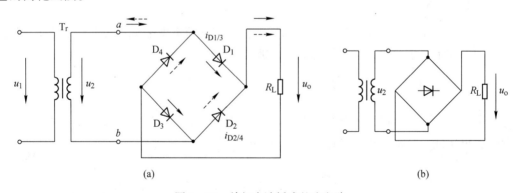

图 1 – 12　单相全波桥式整流电路
（a）单相桥式整流电路；（b）简化画法

在电源电压 u_2 的正、负半周（设 a 端为正、b 端为负时是正半周）内电流通路分别用图 1 – 12（a）中实线和虚线箭头表示。负载 R_L 上的电压 u_o 的波形如图 1 – 13 所示。电流 i_o 的波形与 u_o 的波形相同。显然，它们都是单方向的全波脉动波形。

单相全波桥式整流电压的平均值为 $U_o = \dfrac{1}{\pi}\displaystyle\int_0^\pi \sqrt{2}U_2 \sin\omega t\, \mathrm{d}\omega t = \dfrac{2\sqrt{2}}{\pi}U_2 = 0.9U_2$，直流电流为 $I_o = \dfrac{0.9U_2}{R_L}$。

在桥式整流电路中，二极管 D_1、D_3 和 D_2、D_4 是两两轮流导通的，所以流经每个二极

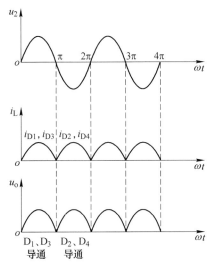

图 1 - 13　单相全波桥式整流电路波形

管的平均电流为 $I_D = \dfrac{1}{2} I_L = \dfrac{0.45 U_2}{R_L}$。

从图 1 - 12(a) 可以看出，在 u_2 正半周时，D_1、D_3 导通，D_2、D_4 截止。此时 D_2、D_4 所承受到的最大反向电压均为 u_2 的最大值，即 $U_{DRM} = \sqrt{2} U_2$。

同理，在 u_2 的负半周 D_1、D_3 也承受同样大小的反向电压。

桥式整流电路的优点是输出电压高，纹波电压较小，管子所承受的最大反向电压较低，同时因电源变压器在正负半周内都有电流供给负载，电源变压器得到充分的利用，效率较高。因此，这种电路在半导体整流电路中得到了广泛的应用。

1.2.2.3　稳压管稳压电路

稳压管是一种特殊的面接触型半导体硅二极管，具有稳定电压的作用。图 1 - 14(a) 为稳压管在电路中的正确连接方法；图 1 - 14(b) 和 (c) 为稳压管的伏安特性及图形符

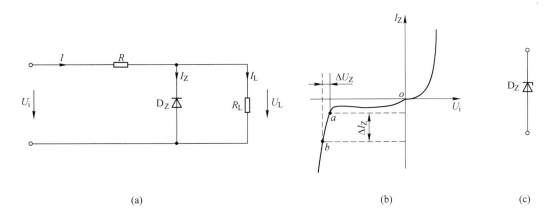

(a)　　　　　　　　　　　　　　(b)　　　　　　　　　　(c)

图 1 - 14　稳压二极管电路、特性及符号

(a) 电路；(b) 伏安特性曲线；(c) 符号

号。稳压管与普通二极管的主要区别在于，稳压管是工作在 PN 结的反向击穿状态。通过在制造过程中的工艺措施和使用时限制反向电流的大小，能保证稳压管在反向击穿状态下不会因过热而损坏。

从稳压管的反向特性曲线可以看出，当反向电压较小时，反向电流几乎为零，当反向电压增高到击穿电压 U_Z（也是稳压管的工作电压）时，反向电流 I_Z（稳压管的工作电流）会急剧增加，稳压管反向击穿。在特性曲线 ab 段，当 I_Z 在较大范围内变化时，稳压管两端电压 U_Z 基本不变，具有恒压特性，利用这一特性可以起到稳定电压的作用。

稳压管与一般二极管不一样，它的反向击穿是可逆的，只要不超过稳压管的允许值，PN 结就不会过热损坏，当外加反向电压去除后，稳压管恢复原性能，所以稳压管具有良好的重复击穿特性。

稳压管的主要参数有：

（1）稳定电压 U_Z。稳定电压指稳压管正常工作时管子两端的电压，由于制造工艺的原因，稳压值也有一定的分散性，如 2CW14 型稳压值为 $6.0 \sim 7.5\text{V}$。

（2）动态电阻 r_Z。动态电阻是指稳压管在正常工作范围内，端电压的变化量与相应电流的变化量的比值，即 $r_Z = \dfrac{\Delta U_Z}{\Delta I_Z}$。

稳压管的反向特性愈陡，r_Z 愈小，稳压性能就愈好。

（3）稳定电流 I_Z。稳定电流是指稳压管正常工作时的参考电流值。只有 $I \geqslant I_Z$ 才能保证稳压管有较好的稳压性能。

（4）最大稳定电流 I_{Zmax}。最大稳定电流是指允许通过的最大反向电流。$I > I_{Zmax}$ 管子会因过热而损坏。

（5）最大允许功耗 P_{ZM}。最大允许功耗是指管子不致发生热击穿的最大功率损耗，$P_{ZM} = U_Z I_{Zmax}$。

（6）电压温度系数 α_v。温度变化 1℃ 时，稳定电压变化的百分数定义为电压温度系数。电压温度系数越小，温度稳定性越好。通常硅稳压管在 U_Z 低于 4V 时具有负温度系数，高于 6V 时具有正温度系数，U_Z 在 $4 \sim 6\text{V}$ 之间时，温度系数很小。

稳压管正常工作的条件有两条：一是工作在反向击穿状态，二是稳压管中的电流要在稳定电流和最大允许电流之间。当 U_i 或 R_L 变化时，稳压管中的电流发生变化，但在一定范围内其端电压变化很小，因此起到稳定输出电压的作用。当稳压管正偏时，它相当于一个普通二极管。

经过整流和滤波后的电压往往会随交流电源的波动和负载的变化而变化。电压的不稳定有时会产生测量和计算的误差，引起控制装置的工作不稳定，甚至根本无法正常工作。特别是精密电子测量仪器、自动控制、计算装置及晶闸管的触发电路等都要求有很稳定的直流电源供电。最简单的直流稳压电源是采用稳压管来稳定电压的。

图 1 - 15 是一种稳压管稳压电路，经过桥式整流电路和电容滤波器滤波得到直流电压 U_i，再经过限流电阻 R 和稳压管 D_Z 组成的稳压电路接到负载电阻 R_L 上。这样，负载上得到的就是一个比较稳定的电压。

引起电压不稳定的原因是交流电源电压的波动和负载电流的变化。当交流电源电压增加而使整流输出电压 U_i 随之增加时，负载电压 U_o 也要增加。U_o 即为稳压管两端的反向电

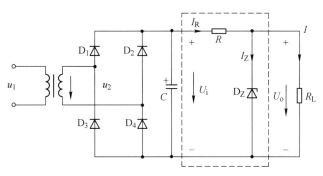

图 1-15 稳压管稳压电路

压。当负载电压 U_o 稍有增加时，稳压管的电流 I_Z 就显著增加，因此电阻 R 上的压降增加，以抵偿 U_i 的增加，从而使负载电压 U_o 保持近似不变。相反，如果交流电源电压降低而使 U_i 降低时，负载电压 U_o 也要降低，因而稳压管的电流 I_Z 就显著减小，电阻 R 上的压降也减小，负载电压 U_o 仍然保持近似不变。同理，当电源电压保持不变，负载电流变化引起负载电压 U_o 改变时，上述稳压电路仍能起到稳压的作用。例如，当负载电流增大时，电阻 R 上的压降也增大，负载电压 U_o 因而下降。只要 U_o 下降一点，稳压管电流就显著减小，通过电阻 R 的电流和电阻上的压降保持近似不变，因此负载电压 U_o 也就近似稳定不变。当负载电流减小时，稳压过程相反。

选择稳压管时，一般取：

$$\left.\begin{array}{r} U_Z = U_o \\ I_{Zmax} = (1.5 \sim 3)I_{omax} \\ U_i = (2 \sim 3)U_o \end{array}\right\}$$

【例 1-2】 图 1-16 所示电路中，已知 $U_Z = 12V$，$I_{Zmax} = 18mA$，$I_{Zmin} = 5mA$，负载电阻 $R_L = 2k\Omega$，当输入电压由正常值发生 $\pm 20\%$ 的波动时，要求负载两端电压基本不变，试确定输入电压 U_i 的正常值和限流电阻 R 的数值。

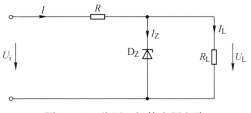

图 1-16 稳压二极管应用电路

解： 负载两端电压 U_L 就是稳压管的端电压 U_Z，当 U_i 发生波动时，必然使限流电阻 R 上的压降和 U_Z 发生变动，引起稳压管电流的变化，只要在 $I_{Zmax} \sim I_{Zmin}$ 范围内变动，就可以认为 U_Z 即 U_L 基本上未变动，这就是稳压管的稳压作用。

当 U_i 向上波动 20%，即 $10.2U_i$ 时，认为 $I_Z = I_{Zmax} = 18mA$，因此有：

$$I = I_{Zmax} + I_L = 18 + \frac{U_Z}{R_L} = 18 + \frac{12}{2} = 24mA$$

由基尔霍夫电压定律（KVL）得：

$$1.2U_i = IR + U_L = 24 \times 10^{-3} \times R + 12$$

当 U_i 向下波动 20%，即 $0.8U_i$ 时，认为 $I_Z = 5\text{mA}$，因此有：

$$I = I_Z + I_L = 5 + \frac{U_Z}{R_L} = 5 + \frac{12}{2} = 11\text{mA}$$

由 KVL 得：

$$0.8U_i = IR + U_L = 11 \times 10^{-3} \times R + 12$$

联立方程组可得：

$$U_i = 26\text{V}, \quad R = 800\Omega$$

1.2.3　知识拓展

1.2.3.1　常见的整流电路

表 1 - 1 给出了常见的几种整流电路。

表 1 - 1　常见的几种整流电路

类型	电　路	整流电压的波形	整流电压平均值	每管电流平均值	每管承受最高反压
单相半波			$0.45U_2$	I_o	$\sqrt{2}U_2$
单相全波			$0.9U_2$	$\frac{1}{2}I_o$	$2\sqrt{2}U_2$
单相桥式			$0.9U_2$	$\frac{1}{2}I_o$	$\sqrt{2}U_2$
三相半波			$1.17U_2$	$\frac{1}{3}I_o$	$\sqrt{3}\sqrt{2}U_2$
三相桥式			$2.34U_2$	$\frac{1}{3}I_o$	$\sqrt{3}\sqrt{2}U_2$

1.2.3.2 滤波电路

整流电路虽将交流电变为直流，但输出的却是脉动电压。这种大小变动的脉动电压，除了含有直流分量外，还含有不同频率的交流分量，因此远不能满足大多数电子设备对电源的要求。为了改善整流电压的脉动程度，提高其平滑性，在整流电路中都要加滤波器。下面介绍几种常用的滤波电路。

（1）电容滤波电路。电容滤波电路是最简单的滤波器，它是在整流电路的输出端与负载并联一个电容 C 而组成，如图 $1-17(a)$ 所示。

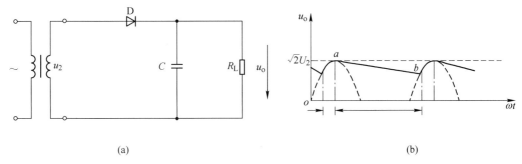

$$(a) \qquad\qquad (b)$$

图 $1-17$　半波整流电容滤波及其波形

电容滤波是通过电容器的充电、放电来滤掉交流分量的。图 $1-17(b)$ 的波形图中虚线波形为半波整流的波形。并入电容 C 后，在 $u_2 > 0$ 时，D 导通，电源在向 R_L 供电的同时，又向 C 充电储能，由于充电时间常数很小（绕组电阻和二极管的正向电阻都很小），充电很快，输出电压 u_o 随 u_2 上升。当 $u_C = \sqrt{2}U_2$ 后，u_2 开始下降，$u_2 < u_C$，D 反偏截止，由电容 C 向 R_L 放电，由于放电时间常数较大，放电较慢，输出电压 u_o 随 u_C 按指数规律缓慢下降，如图 $1-17(b)$ 中的 ab 实线段。放电过程一直持续到下一个 u_2 的正半波，当 $u_2 > u_C$ 时 C 又被充电，$u_o = u_2$ 又上升。直到 $u_2 < u_C$，D 又截止，C 又放电。如此不断地充电、放电，使负载获得如图 $1-17(b)$ 中实线所示的 u_o 波形。由波形可见，半波整流接电容滤波后，输出电压的脉动程度大为减小，直流分量明显提高 C 值一定，当 $R_L = \infty$，即空载时 $u_o = \sqrt{2}U_2 = 1.4U_2$，在波形图中由水平虚线标出。当 $R_L \neq \infty$ 时，由于电容 C 向 R_L 放电，输出电压 u_o 将随之降低。总之，R_L 愈小，输出平均电压愈低。因此，电容滤波只适合在小电流且变动不大的电子设备中使用。通常，输出平均电压可按下式估算取值：

半波 $\qquad\qquad\qquad\qquad\qquad u_o = U_2$

全波 $\qquad\qquad\qquad\qquad\qquad u_o = 1.2U_2$

此外，由二极管的导通时间短（导通角小于 $180°$），电容的平均电流为零，可见二极管导通时的平均电流和负载的平均电流相等，因此二极管的电流峰值必然较大，产生电流冲击，容易使管子损坏。

对于单相桥式整流电路而言，无论有无滤波电容，二极管的最高反向工作电压都是 $\sqrt{2}U_2$。

关于滤波电容值的选取应视负载电流的大小而定，一般在几十微法到几千微法，电容器耐压值应大于输出电压的最大值。通常采用极性电容器。

【例 $1-3$】需要一单相桥式整流电容滤波电路，电路如图 $1-18$ 所示。交流电源频率

$f = 50\text{Hz}$，负载电阻 $R_L = 120\Omega$，要求直流电压 $U_o = 30\text{V}$，试选择整流元件及滤波电容。

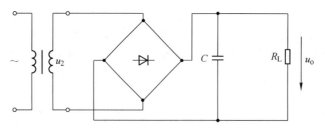

图 1-18　电容滤波应用电路

解：选择整流二极管。流过二极管的平均电流为：

$$I_D = \frac{1}{2}I_o = \frac{1}{2}\frac{U_o}{R_L} = \frac{1}{2} \times \frac{30}{120} = 125\text{mA}$$

由 $U_o = 1.2U_2$，所以交流电压有效值为：

$$U_2 = \frac{U_o}{1.2} = \frac{30}{1.2} = 25\text{V}$$

可以选用 $I_{RM} \geq I_D$、$U_{RM} \geq U_{DRM}$ 的二极管 4 个。

二极管承受的最高反向工作电压为：

$$U_{DRM} = \sqrt{2}U_2 = \sqrt{2} \times 25 = 35\text{V}$$

选择滤波电容 C。取 $R_L C = 5 \times \frac{T}{2}$，而 $T = \frac{1}{f} = \frac{1}{50} = 0.02\text{s}$，所以有：

$$C = \frac{1}{R_L} \times 5 \times \frac{T}{2} = \frac{1}{120} \times 5 \times \frac{0.02}{2} = 417\mu\text{F}$$

可以选用 $C = 500\mu\text{F}$、耐压值为 50V 的电解电容器。

（2）电感滤波电路。在桥式整流电路和负载电阻 R_L 间串入一个电感器 L 就构成电感滤波电路，如图 1-19 所示。利用电感的储能作用可以减小输出电压的纹波，从而得到比较平滑的直流电压。当忽略电感器 L 的电阻时，负载上输出的平均电压和纯电阻（不加电感）负载的相同。

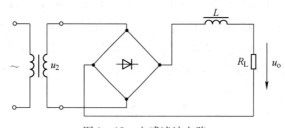

图 1-19　电感滤波电路

电感滤波的特点是，整流管的导电角较大（电感 L 的反电势使整流管导电角增大），峰值电流很小，输出特性比较平坦。其缺点是由于铁芯的存在，电路笨重、体积大，易引起电磁干扰，一般只适用于大电流的场合。

（3）复式滤波器。在滤波电容 C 之前串入一个电感 L 构成了 LC 滤波电路，如图 1-20(a) 所示。这样可使输出至负载 R_L 上的电压的交流成分进一步降低。该电路适用于高频或负载电流较大并要求脉动很小的电子设备中。

　　为了进一步提高整流输出电压的平滑性，可以在 LC 滤波电路之前再并联一个滤波电容 C_1，如图 $1-20$(b) 所示。这就构成了 πLC 滤波电路。

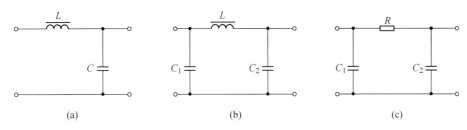

图 $1-20$　复式滤波电路

（a）LC 型滤波器；（b）πLC 滤波器；（c）πRC 型滤波器

　　由于带有铁芯的电感线圈体积大，价也高，因此常用电阻 R 来代替电感 L 构成 πRC 滤波电路，如图 $1-20$(c) 所示。只要适当选择 R 和 C_2 参数，在负载两端可以获得脉动极小的直流电压。这种电路在小功率电子设备中被广泛采用。

习　题

1-1　如何使用万用表欧姆挡判别二极管的好坏与极性？

1-2　二极管电路如图 $1-21$ 所示，D、D_1、D_2 为理想二极管，判断图中的二极管是导通还是截止，并求 AO 两端的电压 U_{AO}。

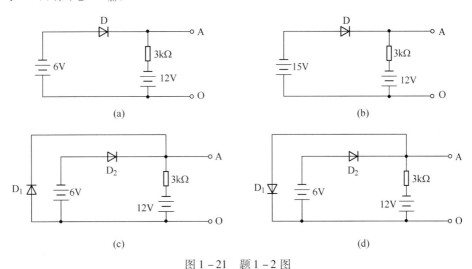

图 $1-21$　题 $1-2$ 图

1-3　在图 $1-22$ 所示电路中，已知 $E=6V$，$U_i=12\sin\omega t$，二极管的正向压降可忽略不计，试分别画出输出电压 U_o 的波形。

1-4　图 $1-23$ 所示电路中，稳压管 D_{Z1} 的稳定电压为 8V，D_{Z2} 的稳定电压为 10V，正向压降均为 0.7V，试求图中输出电压 U_o。

1-5　电路如图 $1-24$ 所示。试标出输出电压 U_{o1}、U_{o2} 的极性，画出输出电压的波形。并求出 U_{o1}、U_{o2} 的平均值。设 $U_{21}=\sqrt{2}U_2\sin\omega t$；$U_{22}=\sqrt{2}U_2\sin(\omega t-\pi)$。

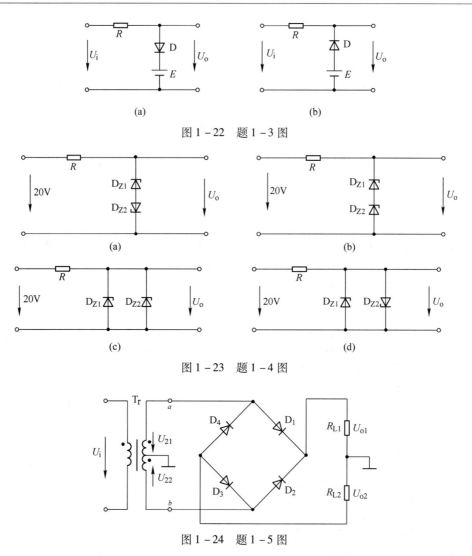

图 1-22　题 1-3 图

图 1-23　题 1-4 图

图 1-24　题 1-5 图

1-6　有一稳压管稳压电路，如图 1-25 所示。负载电阻 R_L 由开路变到 $1k\Omega$，交流电压经整流滤波后得出 $U_i = 25V$。今要求输出直流电压 $U_o = 10V$，试选择稳压管 D_Z。

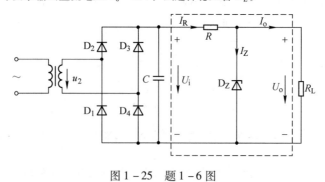

图 1-25　题 1-6 图

情境 2　语音放大器的制作

模拟电子技术的应用领域非常广泛，并且起着巨大的作用，特别是自动化控制中需要测量、控制和传输的信息绝大部分是模拟信号，并且最终都要通过模拟电路来实现。本学习情境以实际生产中的产品——语音放大器为导向，将其作为一个项目，围绕 6 个任务按照项目导向的教学方式，结合实际电路介绍模拟电子技术的基本概念、原理及分析方法，并运用所学的理论知识对语音放大器进行组装、调试。语音放大器的电路原理如图 2 – 1 所示。

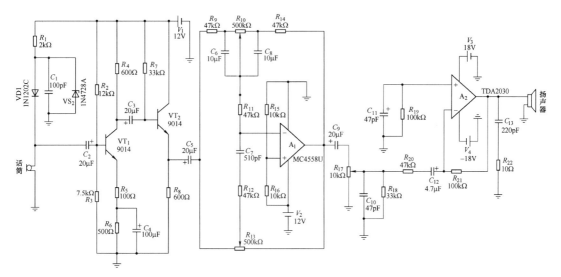

图 2 – 1　语音放大器电路原理

任务 2.1　三极管的识别与检测

【知识目标】

（1）掌握晶体三极管的结构、类型和作用。

（2）掌握三极管的特性曲线，了解三极管的主要参数。

（3）了解场效应晶体管的特性、参数及应用。

【能力目标】

（1）会判断三极管的类型和工作状态。

（2）会根据要求选择三极管。

（3）能够用万用表检测晶体三极管及场效应晶体管的极性及好坏。

2.1.1　任务描述与分析

半导体三极管简称为晶体管。它由两个 PN 结组成。由于内部结构的特点，三极管表现出电流放大作用和开关作用，这就促使电子技术有了质的飞跃。本节围绕三极管的电流放大作用这个核心问题来讨论它的基本结构、工作原理、特性曲线及主要参数。

2.1.2　相关知识

2.1.2.1　三极管的类型和基本结构

A　三极管的类型

三极管的种类很多，按功率大小可分为大功率管和小功率管；按电路中的工作频率可分为高频管和低频管；按半导体材料不同可分为硅管和锗管；按结构不同可分为 NPN 管和 PNP 管。

B　三极管的基本结构

无论是 NPN 型还是 PNP 型，三极管都分为三个区，分别称为发射区、基区和集电区，由三个区各引出一个电极，分别称为发射极（E）、基极（B）和集电极（C），发射区和基区之间的 PN 结称为发射结，集电区和基区之间的 PN 结称为集电结。其结构和符号如图 2-2 所示，其中发射极箭头所示方向表示发射极电流的流向。在电路中，晶体管用字符 VT 表示。具有电流放大作用的三极管，在内部结构上具有其特殊性，这就是：发射区掺杂浓度高；基区很薄；集电区面积较大。这些结构上的特点是三极管具有电流放大作用的内在依据。

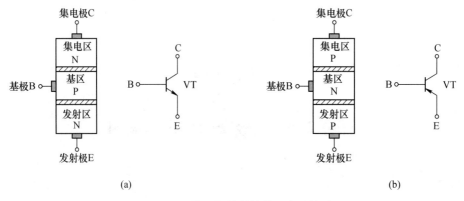

(a)　　　　　　　　　　　　　　　　　(b)

图 2-2　两类三极管的结构示意及符号

（a）NPN 型；（b）PNP 型

2.1.2.2　三极管的电流分配关系和放大作用

现以 NPN 管为例来说明三极管各极间电流分配关系及其电流放大作用。前面介绍了三极管具有电流放大作用的内部条件。为实现三极管的电流放大作用还必须具有一定的外部条件，这就是要给三极管的发射结加上正向电压，集电结加上反向电压。如图 2-3 所示的这种接法为共发射极放大电路，改变可变电阻 R_B，测基极电流 I_B、集电极电流 I_C 和

发射结电流 I_E，结果见表 2 – 1。

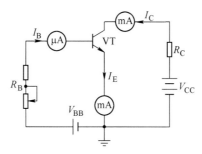

图 2 – 3 共发射极放大实验电路

表 2 – 1 三极管电流测试数据

$I_B/\mu A$	0	20	40	60	80	100
I_C/mA	0.005	0.99	2.08	3.17	4.26	5.40
I_E/mA	0.005	10.01	2.12	3.23	4.34	5.50

从实验结果可得如下结论：

（1）$I_E = I_B + I_C$。此关系就是三极管的电流分配关系，它符合基尔霍夫电流定律。

（2）I_E 和 I_C 几乎相等，但远远大于基极电流 I_B，从第三列和第四列的实验数据可知 I_C 与 I_B 的比值分别为：

$$\bar{\beta} = \frac{I_C}{I_B} = \frac{2.08}{0.04} = 52, \quad \bar{\beta} = \frac{I_C}{I_B} = \frac{3.17}{0.06} = 52.8$$

I_B 的微小变化会引起 I_C 较大的变化，计算可得：

$$\beta = \frac{\Delta I_C}{\Delta I_B} = \frac{I_{C4} - I_{C3}}{I_{B4} - I_{B3}} = \frac{3.17 - 2.08}{0.06 - 0.04} = \frac{1.09}{0.02} = 54.5$$

计算结果表明，微小的基极电流变化，可以控制比其大数十倍甚至数百倍的集电极电流的变化，这就是三极管的电流放大作用。$\bar{\beta}$、β 称为电流放大系数，它反映三极管电流放大能力。

通过三极管内部载流子的运动规律，可以解释三极管的电流放大原理。本书从略。

2.1.2.3 三极管的特性曲线

三极管的特性曲线用来表示各个电极间电压和电流的相互关系，它反映三极管的性能，是分析放大电路的重要依据。特性曲线可由实验测得，也可用晶体管特性图示仪直观地显示出来。

A 输入特性曲线

晶体管的输入特性曲线表示了 U_{CE} 为参考变量时，I_B 和 U_{BE} 的关系，即：

$$I_B = f(U_{BE}) \Big|_{U_{CE} = 常数}$$

图 2 – 4 是三极管的输入特性曲线，由图可见，输入特性有以下几个特点：

（1）输入特性存在一个"死区"。在死区内，U_{BE} 虽已大于零，但 I_B 几乎仍为零。只有当 U_{BE} 大于某一值后，I_B 才随 U_{BE} 增加而明显增大。和二极管一样，硅三极管的死区电

压 U_T（或称为门槛电压）约为 0.5V，发射结导通电压 U_{BE} = 0.6 ~ 0.7V；锗三极管的死区电压 U_T 约为 0.2V，导通电压 0.2 ~ 0.3V。

（2）一般情况下，当 $U_{CE} > 1V$ 以后，输入特性几乎与 $U_{CE} = 1V$ 时的特性重合，因为 $U_{CE} > 1V$ 后，I_B 无明显改变了。三极管工作在放大状态时，U_{CE} 总是大于 1V 的（集电结反偏），因此常用 $U_{CE} \geq 1V$ 的一条曲线来代表所有输入特性曲线。

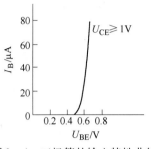

图 2 - 4　三极管的输入特性曲线

B　输出特性曲线

三极管的输出特性曲线表示以 I_B 为参考变量时 I_C 和 U_{CE} 的关系，即：

$$I_C = f(U_{CE}) \Big|_{I_B = 常数}$$

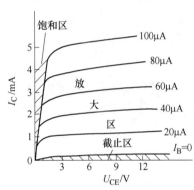

图 2 - 5　三极管的输出特性曲线

图 2 - 5 是 NPN 型三极管的输出特性曲线，当改变 I_B 时，可得一组曲线簇。由图 2 - 5 可见，输出特性曲线可分放大、截止和饱和三个区域。

（1）截止区。$I_B = 0$ 的特性曲线以下的区域称为截止区，此时 $I_C = I_{CEO} \approx 0$。集电极到发射极只有很微小的穿透电流。由于三极管集电极与发射极之间接近开路，三极管在电路中犹如一个断开的开关。

（2）饱和区。特性曲线靠近纵轴的区域是饱和区。当 $U_{CE} < U_{BE}$ 时，发射结、集电结均处于正偏，即 $U_B > U_C > U_E$。在饱和区 I_B 增大，I_C 几乎不再增大，三极管失去放大作用。

（3）放大区。特性曲线近似水平直线的区域为放大区。在这个区域里发射结正偏，集电结反偏，即 $U_C > U_B > U_E$。其特点是 I_C 的大小受 I_B 的控制，$\Delta I_C = \beta \Delta I_B$，三极管具有电流放大作用。在放大区 β 约等于常数，I_C 几乎按一定比例等距离平行变化。I_C 只受 I_B 的控制，几乎与 U_{BE} 的大小无关。

2.1.2.4　三极管的主要参数

三极管的参数是用来表示三极管的各种性能指标，是评价三极管的优劣和选用三极管的依据，也是计算和调整三极管电路时必不可少的根据。

A　电流放大系数

（1）直流电流放大系数 $\overline{\beta}$。它表示集电极电压一定时，集电极电流和基极电流之间的关系，即：

$$\overline{\beta} = \frac{I_C - I_{CEO}}{I_B} \approx \frac{I_C}{I_B}$$

（2）交流电流放大系数 β。它表示在 U_{CE} 保持不变的条件下，集电极电流的变化量与相应的基极电流变化量之比，即：

$$\beta = \frac{\Delta I_C}{\Delta I_B} \Big|_{U_{CE} = 常数}$$

$\bar{\beta}$ 和 β 的含义虽不同，但若工作在输出特性曲线的放大区域的平坦部分时，两者差异极小，故在今后估算时常认为 $\bar{\beta} = \beta$。

由于制造工艺上的分散性，同一类型三极管的 β 值差异很大。常用的小功率三极管，β 值一般为 20～200。β 过小，管子电流放大作用小，β 过大，工作稳定性差。一般选用 β 在 40～100 的管子较为合适。

B　极间电流

（1）集－基极反向饱和电流 I_{CBO}。I_{CBO} 是指发射极开路，集电极与基极之间加反向电压时产生的电流，也是集电结的反向饱和电流。

（2）集－射极穿透电流 I_{CEO}。I_{CEO} 是基极开路，集电极与发射极间加反偏电压时流过集电极和发射极之间的电流。由于这个电流由集电极穿过基区流到发射极，故称为穿透电流。I_{CEO} 受温度影响较大，且 β 大的三极管的温度稳定性较差。

C　极限参数

三极管的极限参数规定了使用时不许超过的限度。

（1）集电极最大允许电流 I_{CM}。由于集电极电流 I_C 超过一定值时，三极管的 β 值将会下降，甚至可能损坏，还需限制三极管的集电极最大电流 I_{CM}，I_{CM} 表示 β 值下降到正常值 2/3 时的集电极电流。通常 I_C 不应超过 I_{CM}。

（2）集－射极反向击穿电压 $U_{(BR)CEO}$。反向击穿电压 $U_{(BR)CEO}$ 是指基极开路时，加于集电极－发射极之间的最大允许电压。使用时如果超出这个电压将导致集电极电流 I_C 急剧增大，这种现象称为击穿，造成管子永久性损坏。一般取电源 $V_{CC} < U_{(BR)CEO}$。

（3）集电极最大允许耗散功率 P_{CM}。三极管电流 I_C 与电压 U_{CE} 的乘积称为集电极耗散功率，这个功率导致集电结发热，温度升高而烧坏三极管。为确保安全，一般硅管的最高结温为 100～150℃，锗管的最高结温为 70～100℃，根据管子的允许结温定出集电极最大允许耗散功率 P_{CM}，工作时管子消耗功率必须小于 P_{CM}。

2.1.3　知识拓展

2.1.3.1　场效应晶体管

场效应管是一种电压控制型的半导体器件，它具有输入电阻高、功耗低、热稳定性好、噪声低、耗电省、便于集成等优点，因此得到广泛应用。

场效应管按结构的不同可分为结型和绝缘栅型；按工作性能不同可分耗尽型和增强型；按所用基片（衬底）材料不同又可分 P 沟道和 N 沟道两种导电沟道。在本书中只简单介绍绝缘栅型场效应管。

2.1.3.2　绝缘栅型场效应管

目前应用最广泛的绝缘栅场效应管是一种金属（M）－氧化物（O）－半导体（S）结构的场效应管，简称为 MOS(Metal Oxide Semiconductor) 管。

A　N 沟道增强型 MOS 管

a　结构

图 2－6(a) 所示为 N 沟道增强型 MOS 管的结构。以一块 P 型半导体为衬底，在衬底

上面的左、右两边制成两个高掺杂浓度的 N 型区，用 N⁺ 表示，在这两个 N⁺ 区各引出一个电极，分别称为源极 S 和漏极 D，管子的衬底也引出一个电极称为衬底引线 b。管子在工作时 b 通常与 S 相连接。在这两个 N⁺ 区之间的 P 型半导体表面做出一层很薄的二氧化硅绝缘层，再在绝缘层上面喷一层金属铝电极，称为栅极 G，图 2-6(b) 是 N 沟道增强型 MOS 管的符号。P 沟道增强型 MOS 管是以 N 型半导体为衬底，再制作两个高掺杂浓度的 P⁺ 区做源极 S 和漏极 D，其符号如图 2-6(c) 所示，衬底 b 的箭头方向是区别 N 沟道和 P 沟道的标志。

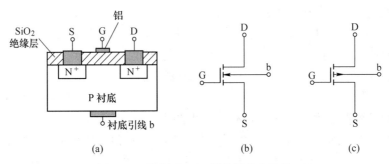

(a)　　　　　　　　　(b)　　　　　　　　　(c)

图 2-6 增强型 MOS 管的结构和符号

b 工作原理

如图 2-7 所示，当 $U_{GS}=0$ 时，由于漏源之间有两个背向的 PN 结不存在导电沟道，所以即使 D、S 间电压 $U_{DS}\neq0$，但 $I_D=0$，只有 U_{GS} 增大到某一值时，在栅极指向 P 型衬底的电场的作用下，衬底中的电子被吸引到两个 N⁺ 区之间构成了漏源极之间的导电沟道，电路中才有电流 I_D。对应此时的 U_{GS} 称为开启电压 $U_{GS(th)}$。在一定 U_{DS} 下，U_{GS} 值越大，电场作用越强，导电的沟道越宽，沟道电阻越小，I_D 就越大，这就是增强型管子的含义。

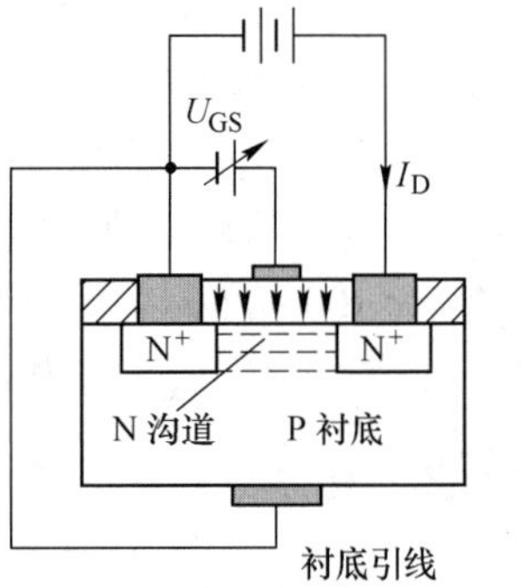

c 输出特性

输出特性是指 U_{GS} 一定时，I_D 与 U_{DS} 之间的关系，即

$$I_D = f(U_{DS})\bigg|_{U_{GS}=常数}$$

图 2-7 U_{GS} 对沟道的影响

N 沟道增强型 MOS 管的输出特性可分为四个区：可变电阻区、恒流区、击穿区和夹断区。

(1) 可变电阻区：为图 2-8(a) 的 Ⅰ 区。该区对应 $U_{GS}>U_T$、U_{DS} 很小，$U_{GD}=U_{GS}-U_{DS}>U_T$ 的情况。该区的特点是：若 U_{GS} 不变，I_D 随着 U_{DS} 的增大而线性增加，场效应管可以看成是一个电阻；对应不同的 U_{GS} 值，各条特性曲线直线部分的斜率不同，即阻值发生改变。因此该区是一个受 U_{GS} 控制的可变电阻区，工作在这个区的场效应管相当于一个压控电阻。

(2) 恒流区（亦称饱和区、放大区）：为图 2-8(a) 的 Ⅱ 区。该区对应 $U_{GS}>U_T$、U_{DS} 较大的情况，该区的特点是若 U_{GS} 固定为某个值时，随 U_{DS} 的增大，I_D 不变，特性曲线近似为水平线，因此称为恒流区。而对应同一个 U_{DS} 值，不同的 U_{GS} 值可感应出不同宽度的导电沟道，产生不同大小的漏极电流 I_D。可以用参数跨导 g_m 来表示 U_{GS} 对 I_D 的控制作用。g_m 定义为：

$$g_m = \frac{\Delta I_D}{\Delta U_{GS}}\bigg|_{U_{DS}=\text{常数}}$$

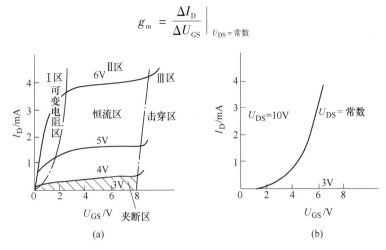

图 2 - 8　N 沟道增强型 MOS 管的特性曲线
（a）输出特性；（b）转移特性

（3）截止区（夹断区）：该区对应于 $U_{GS} \leqslant U_T$ 的情况。这个区的特点是：由于没有感生出沟道，故电流 $I_D = 0$，管子处于截止状态。

（4）击穿区：为图 2 - 8（a）的 Ⅲ 区。当 U_{DS} 增大到某一值时，栅、漏间的 PN 结会反向击穿，使 I_D 急剧增加。如不加限制，会造成管子损坏。

d　转移特性

转移特性是指 U_{DS} 为固定值时，I_D 与 U_{GS} 之间的关系，表示 U_{GS} 对 I_D 的控制作用，即：

$$I_D = f(U_{GS})\bigg|_{U_{DS}=\text{常数}}$$

由于 U_{DS} 对 I_D 的影响较小，所以不同的 U_{DS} 所对应的转移特性曲线基本上是重合在一起的，如图 2 - 8（b）所示。这时 I_D 可以近似地表示为：

$$I_D = I_{DSS}\left(1 - \frac{U_{GS}}{U_{GS(th)}}\right)^2$$

式中，I_{DSS} 是 $U_{GSS} = 2U_{GSS(th)}$ 时的 I_D 值。

B　N 沟道耗尽型 MOS 管

N 沟道耗尽型 MOS 管的结构与增强型一样，所不同的是在制造过程中，在 SiO_2 绝缘层中掺入大量的正离子。当 $U_{GSS} = 0$ 时，由正离子产生的电场就能吸收足够的电子产生原始沟道，如果加上正向 U_{DS} 电压，就可在原始沟道中产生电流。其结构、符号如图 2 - 9 所示。

当 U_{GS} 正向增加时，将增强由绝缘层中正离子产生的电场，感生的沟道加宽，I_D 增大；当 U_{GS} 加反向电压时，将削弱由绝缘层中正离子产生的电场，感生的沟道变窄，I_D 减小；当 U_{GS} 达到某一负电压值 $U_{GS(off)} = U_P$ 时，完全抵消了由正离子产生的电场，则导电沟道消失，$I_D \approx 0$，U_P 称为夹断电压。

在 $U_{GS} > U_P$ 后，漏源电压 U_{DS} 对 I_D 的影响较小。它的特性曲线形状与增强型 MOS 管类似，如图 2 - 9(b)、(c) 所示。

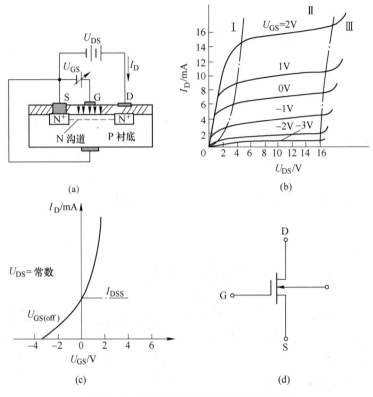

(a)

(b)

(c)

(d)

图 2 - 9　N 沟道耗尽型绝缘栅场效应管

(a) 结构示意图；(b) 输出特性；(c) 转移特性；(d) 符号

由特性曲线可见，耗尽型 MOS 管的 U_{GS} 值在正、负的一定范围内都可控制管子的 I_D，因此管子使用较灵活，在模拟电子技术中得到广泛应用。增强型场效应管在集成数字电路中被广泛采用，可利用 $U_{GS} > U_T$ 和 $U_{GS} < U_T$ 来控制场效应管的导通和截止，使管子工作在开、关状态。数字电路中的半导体器件正是工作在此种状态。

2.1.3.3　场效应管的性能

A　场效应管与双极型三极管的比较

(1) 场效应管的沟道中只有一种极性的载流子（电子或空穴）参与导电，故称为单极型三极管。而在双极型三极管里有两种不同极性的载流子（电子和空穴）参与导电。

(2) 场效应管是通过栅源电压 U_{GS} 来控制漏极电流 I_D 的，称为电压控制器件。三极管是利用基极电流 I_B 来控制集电极电流 I_C 的，称为电流控制器件。

(3) 场效应管的输入电阻很大，有较高的热稳定性、抗辐射性和较低的噪声。而三极管的输入电阻较小，温度稳定性差，抗辐射及噪声能力也较低。

(4) 场效应管是利用多数载流子导电，所以称为单极型器件；而三极管既利用多数载流子导电，也利用少数载流子导电，所以称为双极型器件。

(5) 场效应管在制造时，如衬底没有和源极接在一起时，也可将 D、S 互换使用。而如果晶体管的 C 和 E 互换使用，则称倒置工作状态，此时 β 将变得非常小。

（6）工作在可变电阻区的场效应管，可作为压控电阻来使用。

另外，由于 MOS 场效应管的输入电阻很高，栅极间感应电荷不易泄放，而且绝缘层做得很薄，容易在栅源极间感应产生很高的电压，超过 $U_{(BR)GS}$ 而造成管子击穿。因此 MOS 管在使用时避免使栅极悬空。保存不用时，必须将 MOS 管各极间短接。焊接时，电烙铁外壳要可靠接地。

B　场效应管的主要参数

（1）直流参数。直流参数是指耗尽型 MOS 管的夹断点电位 U_P（$U_{GS(off)}$），增强型 MOS 管的开启电压 U_T（$U_{GS(on)}$）以及漏极饱和电流 I_{DSS}、直流输入电阻 R_{GS}。

（2）交流参数。

1）低频跨导 g_m。g_m 的定义是当 U_{DS} = 常数时，U_{GS} 的微小变量与它引起的 I_D 的微小变量之比，即：

$$g_m = \frac{dI_D}{dU_{GS}}\bigg|_{U_{DS}=常数}$$

它是表征栅、源电压对漏极电流控制作用大小的一个参数，单位为 S（西门子）或 mS。

2）极间电容。场效应管三个电极间存在极间电容。栅、源电容 C_{gs} 和栅、漏电容 C_{gd} 一般为 1~3pF，漏源电容 C_{ds} 在 0.1~1pF 之间。极间电容的存在决定了管子的最高工作频率和工作速度。

（3）极限参数。

1）最大漏极电流 I_{DM}。管子工作时允许的最大漏极电流。

2）最大耗散功率 P_{DM}。由管子工作时允许的最高温升所决定的参数。

3）漏、源击穿电压 $U_{(BR)DS}$。U_{DS} 增大时使 I_D 急剧上升时的 U_{DS} 值。

4）栅、源击穿电压 $U_{(BR)GS}$。在 MOS 管中使绝缘层击穿的电压。

C　各种场效应管特性的比较

表 2-2 总结列举了 6 种类型场效应管在电路中的符号，偏置电压的极性和特性曲线。读者可以通过比较以于区别。

表 2-2　场效应管的种类

结构种类		工作方式	符号	电压极性		转移特性	输　出　特　性
				U_{DS}	U_{GS}		
结型	N 沟道	耗尽型		+	−		
	P 沟道	耗尽型		−	+		

结构种类	工作方式	符号	电压极性		转移特性	输 出 特 性
			U_{DS}	U_{GS}		
绝缘栅型	增强型 N沟道		+	+	I_D / U_{GS}	I_D，$U_{GS}=0$，$U_{GS}>0$，增大，U_{DS}
	增强型 P沟道		－	－	I_D / U_{GS}	$-I_D$，$U_{GS}=0$，$U_{GS}<0$，减小，$-U_{DS}$
	耗尽型 N沟道		+	－ +	I_D / U_{GS}	I_D，$U_{GS}>0$，$U_{GS}=0$，$U_{GS}<0$，U_{DS}
	耗尽型 P沟道		－	+ －	I_D / U_{GS}	$-I_D$，$U_{GS}<0$，$U_{GS}=0$，$U_{GS}>0$，$-U_{DS}$

任务 2.2　共发射极放大电路

【知识目标】

（1）掌握共射、共集等基本放大电路的工作原理、特性和基本分析方法，能进行静态及动态参数的计算。

（2）理解多级放大电路的分析方法，会分析多级放大电路的微变等效电路及动态参数的计算。

【能力目标】

（1）能看懂语音输入放大电路的原理图。

（2）能正确组装、调试和维修语音输入放大电路及进行参数的测试。

2.2.1　任务描述与分析

模拟信号是时间的连续函数，自然界中大部分的信号如温度、压力等均属于模拟信号，这类信号需要经过传感器转化为相应的电信号并经过放大才能去驱动负载工作，放大电路的主要任务也就如此。语音放大电路的输入电路主要由基本放大电路构成（如图 2－10 所示）。基本放大电路又是构成各种复杂放大电路和线性集成电路的基本单元，其按结构有共射、共集和共基极三种。本任务主要是介绍输入放大电路共射极电路相关的基础知识。

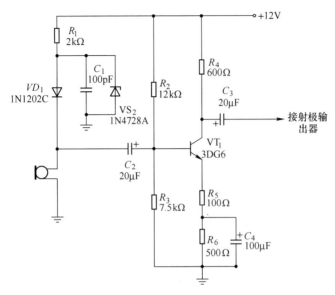

图 2－10　语音输入放大电路

2.2.2　相关知识

2.2.2.1　共发射极放大电路的组成

在图 2－11(a) 的共发射极交流基本放大电路中，输入端接低频交流电压信号 u_i（如音频信号，频率为 20 Hz ~ 20 kHz），输出端接负载电阻 R_L（可能是小功率的扬声器、微型继电器或者接下一级放大电路等），输出电压用 u_o 表示。电路中各元件作用如下：

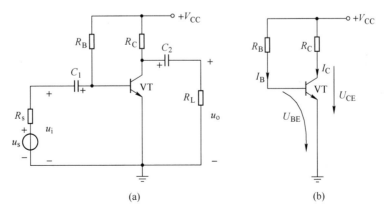

图 2－11　共发射极交流放大电路

（1）集电极电源 V_{CC} 是放大电路的能源，为输出信号提供能量，并保证发射结处于正向偏置、集电结处于反向偏置，使晶体管工作在放大区。V_{CC} 取值一般为几伏到几十伏。

（2）晶体管 VT 是放大电路的核心元件。利用晶体管在放大区的电流控制作用，即 $i_c = \beta i_b$ 的电流放大作用，将微弱的电信号进行放大。

（3）集电极电阻 R_C 是晶体管的集电极负载电阻，它将集电极电流的变化转换为电压的变化，实现电路的电压放大作用。R_C 一般为几千欧到几十千欧。

（4）基极电阻 R_B 以保证晶体管工作在放大状态。改变 R_B 使晶体管有合适的静态工作点。R_B 一般取几十千欧到几百千欧。

（5）耦合电容 C_1、C_2 起隔直流通交流的作用。在信号频率范围内，认为容抗近似为零。所以分析电路时，在直流通路中电容视为开路，在交流通路中电容视为短路。C_1、C_2 一般为十几微法到几十微法的有极性的电解电容。

2.2.2.2　共发射极放大电路的静态分析

放大电路未接入 u_i 前称静态。静态分析就是确定静态值，即直流电量，它由电路中的 I_B、I_C 和 U_{CE} 一组数据来表示。这组数据是晶体管输入、输出特性曲线上的某个工作点，习惯上称静态工作点，用 $Q(I_B、I_C、U_{CE})$ 表示。一般可由放大电路的直流通路确定静态工作点，将耦合电容 C_1、C_2 视为开路，画出图 2 - 11（b）所示的共发射极放大电路的直流通路，由电路得：

$$I_B = \frac{V_{CC} - U_{BE}}{R_B} \approx \frac{V_{CC}}{R_B}$$

$$I_C = \beta I_B$$

$$U_{CE} = V_{CC} - I_C R_C$$

用上面的公式可以近似估算此放大电路的静态工作点。晶体管导通后硅管 U_{BE} 的大小在 $0.6 \sim 0.7V$ 之间（锗管的 U_{BE} 大小在 $0.2 \sim 0.3V$ 之间）。而当 V_{CC} 较大时，U_{BE} 可以忽略不计。

2.2.2.3　共发射极放大电路的动态分析

静态工作点确定以后，放大电路在输入电压信号 u_i 的作用下，若晶体管能始终工作在特性曲线的放大区，则放大电路输出端就能获得基本上不失真的放大输出电压信号 u_o。放大电路的动态分析，就是要对放大电路中信号的传输过程、放大电路的性能指标等问题进行分析讨论，这也是模拟电子电路所要讨论的主要问题。微变等效电路法和图解法是动态分析的基本方法。

A　信号在放大电路中的传输与放大

以图 2 - 12（a）为例来讨论，图中 I_B、I_C、U_{CE} 表示直流分量（静态值），i_b、i_c、u_{ce} 表示输入信号作用下的交流分量（有效值用 I_b、I_c、U_{ce}），i_B、i_C、u_{CE} 表示总电流或总电压，这点务必搞清。

设输入信号 u_i 为正弦信号，通过耦合电容 C_1 加到晶体管的基 - 射极，产生电流 i_b，因而基极电流 $i_B = I_B + i_b$。集电极电流受基极电流的控制，$i_C = I_C + i_c = \beta(I_B + i_b)$。电阻 R_C 上的压降为 $i_C R_C$，它随 i_C 成比例地变化。而集 - 射极的管压降 $U_{CE} = V_{CC} - i_C R_C = V_{CC} - (I_C +$

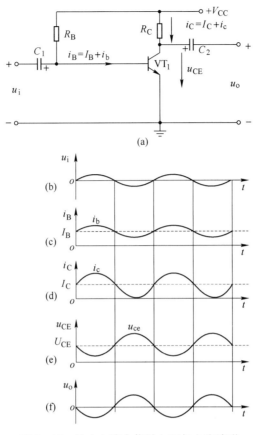

图 2 - 12　放大电路中信号电压与电流波形

$i_c)R_C = U_{CE} - i_c R_C$，随 $i_c R_C$ 的增大而减小。耦合电容 C_2 阻隔直流分量 U_{CE}，将交流分量 $u_{ce} = -i_c R_C$ 送至输出端，这就是放大后的信号电压 $u_o = u_{ce} - i_c R_C$。u_o 为负，说明 u_i、i_b、i_c 为正半周时，u_o 为负半周，它与输入信号电压 u_i 反相。图 2 - 12(b) ~ (f) 为放大电路中各有关电压和电流的信号波形。

　　综上所述，可归纳出以下几点结论：

　　(1) 无输入信号时，晶体管的电压、电流都是直流分量。有输入信号后，i_b、i_c、u_{ce} 都在原来静态值的基础上叠加了一个交流分量。虽然 i_b、i_c、u_{ce} 的瞬时值是变化的，但它们的方向始终不变，即均是脉动直流量。

　　(2) 输出电压 u_o 与输入电压 u_i 频率相同，且幅度 u_o 比 u_i 大得多。

　　(3) 电流 i_b、i_c 与输入电压 u_i 同相，输出电压 u_o 与输入电压 u_i 反相，即共发射极放大电路具有"倒相"作用。

　　B　微变等效电路法

　　a　晶体管的微变等效电路

　　所谓晶体管的微变等效电路，就是晶体管在小信号（微变量）的情况下工作在特性曲线直线段时，可将晶体管（非线性元件）用一个线性电路代替。

　　由图 2 - 13(a) 晶体管的输入特性曲线可知，在小信号作用下的静态工作点 Q 邻近的

$Q_1 \sim Q_2$ 工作范围内的曲线可视为直线，斜率不变。两变量的比值称为晶体管的输入电阻，即：

$$r_{be} = \frac{\Delta U_{BE}}{\Delta I_B}\bigg|_{U_{CE} =} = \frac{u_{be}}{i_b}$$

上式表示晶体管的输入回路可用管子的输入电阻 r_{be} 来等效代替，其等效电路见图 2 - 14(b)。根据半导体理论及文献资料，工程中低频小信号下的 r_{be} 可用下式估算：

$$r_{be} = 300 + (1 + \beta)\frac{26mV}{I_{EQ}(mA)}(\Omega)$$

小信号低频下工作时的晶体管的 r_{be} 一般为几百到几千欧。

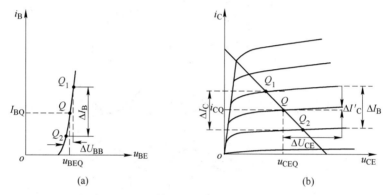

图 2 - 13 从晶体管的特性曲线求 r_{be}、β 和 r_{ce}

由图 2 - 13(b) 晶体管的输出特性曲线可知，在小信号作用下的静态工作点 Q 邻近的 $Q_1 \sim Q_2$ 工作范围内，放大区的曲线是一组近似等距的水平线，它反映了集电极电流 I_C 只受基极电流 I_B 控制而与管子两端电压 U_{CE} 基本无关，因而晶体管的输出回路可等效为一个受控的恒流源，即：

$$\Delta I_C = \Delta I_B, \quad i_c = \beta i_b$$

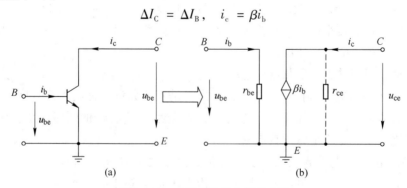

图 2 - 14 三极管的微变等效电路

实际晶体管的输出特性并非与横轴绝对平行。当 I_B 为常数时，ΔU_{CE} 变化会引起 $\Delta I'_C$ 变化，这个线性关系就是晶体管的输出电阻 r_{ce}，即

$$r_{ce} = \frac{\Delta U_{CE}}{\Delta I'_C}\bigg|_{I_B =} = \frac{u_{ce}}{i_c}$$

r_{ce} 和受控恒流源 βi_b 并联。由于输出特性近似为水平线，r_{ce} 又高达几十千欧到几百千

欧，在微变等效电路中可视为开路而不予考虑。图 2－14 为简化了的微变等效电路。

b 共射放大电路的微变等效电路

放大电路的直流通路确定静态工作点，交流通路则反映信号的传输过程并通过它可以分析计算放大电路的性能指标。图 2－15(a) 是图 2－12(a) 共射放大电路的交流通路。

C_1、C_2 的容抗对交流信号而言可忽略不计，在交流通路中视作短路；直流电源 V_{CC} 为恒压源，两端无交流压降也可视作短路。据此作出图 2－15(a) 所示的交流通路。将交流通路中的晶体管用微变等效电路来取代，可得如图 2－15(b) 所示共射放大电路的微变等效电路。

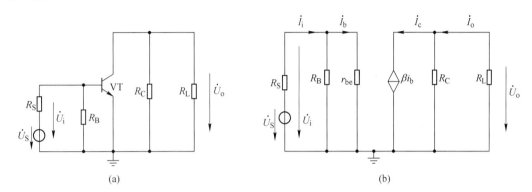

图 2－15 共射放大电路的交流通路及微变等效电路
(a) 交流通路；(b) 微变等效电路

C 动态性能指标的计算

(1) 电压放大倍数 A_U。电压放大倍数是小信号电压放大电路的主要技术指标。设输入为正弦信号，图 2－15(b) 中的电压和电流都可用相量表示。

由图 2－15(b) 可列出：

$$\dot{U}_o = -\beta \dot{I}_b (R_C // R_L)$$

$$\dot{U}_i = \dot{I}_b r_{be}$$

$$A_U = \frac{\dot{U}_o}{\dot{U}_i} = -\frac{\beta \dot{I}_b (R_C // R_L)}{\dot{I}_b r_{be}} = -\beta \frac{R'_L}{r_{be}}$$

式中，$R'_L = R_C // R_L$；A_U 为复数，它反映了输出与输入电压之间大小和相位的关系；负号表示共射放大电路的输出电压与输入电压的相位反相。

当放大电路输出端开路时（未接负载电阻 R_L），可得空载时的电压放大倍数 A_{Uo}：

$$A_{Uo} = -\beta \frac{R_C}{r_{be}}$$

输出电压 $\dot{U}_o$ 与输入信号源电压 $\dot{U}_S$ 之比，称为源电压放大倍数（A_{US}），则

$$A_{US} = \frac{\dot{U}_o}{\dot{U}_S} = \frac{\dot{U}_o}{\dot{U}_i} \cdot \frac{\dot{U}_i}{\dot{U}_S} = A_U \cdot \frac{r_i}{R_S + r_i} \approx \frac{-\beta R'_L}{R_S + r_{be}}$$

式中，$r_i = R_B // r_{be} \approx r_{be}$（通常 $R_B \gg r_{be}$）。可见 R_S 愈大，电压放大倍数愈低。一般共射放大

电路为提高电压放大倍数，总希望信号源内阻 R_S 小一些。

（2）放大电路的输入电阻 r_i。放大电路是信号源（或前一级放大电路）的负载，其输入端的等效电阻就是信号源（或前一级放大电路）的负载电阻，也就是放大电路的输入电阻 r_i。其定义为输入电压与输入电流之比。即

$$r_i = \frac{U_i}{I_i}$$

对于电压放大电路，一般要求输入电阻越高越好，以使放大电路向信号源索取的电流尽可能小些，不至于影响信号源正常工作。

（3）输出电阻 r_o。放大电路是负载（或后级放大电路）的等效信号源，其等效内阻就是放大电路的输出电阻 r_o，它是放大电路的性能参数。一般将输入信号源短路，但保留信号源内阻，在输出端加一信号 U_o'，以产生一个电流 I_o'，则放大电路的输出电阻为：

$$r_o = \left.\frac{U_o'}{I_o'}\right|_{U_S = 0}$$

图 2 - 12（a）共射放大电路的输出电阻可由图 2 - 15 所示的等效电路计算得出。由图可知，当 $U_S = 0$ 时，$I_b = 0$，$\beta I_b = 0$；当在输出端加一信号 U_o'，产生的电流 I_o' 就是电阻 R_C 中的电流，取电压与电流之比为输出电阻。

$$r_o = \left.\frac{\dot U_o}{\dot I_o}\right|_{U_S = 0, R_L = \infty} = R_C$$

在放大电路中，一般要求 r_o 尽量小一些，以利于放大电路向负载提供更大的电流，提高放大电路带负载的能力。

2.2.3　知识拓展

2.2.3.1　温度对静态工作点的影响

静态工作点不稳定的主要原因是温度变化和更换晶体管的影响。下面着重讨论温度变化对静态工作点的影响。图 2 - 12（a）的共发射极放大电路，其偏置电流为：

$$I_B = \frac{V_{CC} - U_{BE}}{R_B} \approx \frac{V_{CC}}{R_B}$$

可见，一旦 V_{CC} 及 R_B 选定，I_B 就被确定，故称为固定偏置放大电路。此电路简单，易于调整，但温度变化导致集电极电流 I_C 增大时，输出特性曲线簇将向上平移，如图 2 - 16 中虚线所示。因为当温度升高时，I_{CBO} 要增大。由于 $I_{CEO} = (1 + \beta) I_{CBO}$，故 I_{CEO} 也要增大。又因为 $I_C = \beta I_B + I_{CEO}$，显见 I_{CEO} 的增大将使整个输出特性曲线簇向上平移。如图 2 - 16 所示，这时静态工作点将从 Q 点移到 Q' 点，I_{CQ} 增大，U_{CEQ} 减小，工作点向饱和区移动。这是造成静态工作点随温度变化的主要原因。

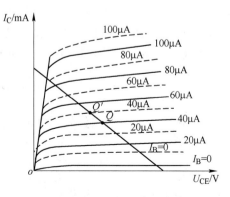

图 2 - 16　温度对 Q 点的影响

2.2.3.2　分压式偏置放大电路

A　分压式偏置放大电路的稳定原理

通过前面的分析可以知道：晶体管的参数 I_{CEO} 随温度升高对工作点的影响，最终都表现在使静态工作点电流 I_C 的增加，流过 R_C 后静态工作点电压 U_{CE} 下降。所以设法使 I_C 在温度变化时能维持恒定，则静态工作点就可以得到稳定了。

图 2-17(a) 所示的分压式偏置共射放大电路，正是基于这一思想。首先利用 R_{B1}、R_{B2} 的分压为基极提供一个固定电压，当 $I_1 \gg I_B$（5 倍以上），则认为 I_B 不影响 U_B，基极电位为：

$$U_B = \frac{R_{B2}}{R_{B1} + R_{B2}} V_{CC}$$

其次在发射极串接一个电阻 R_E，使得：

$$T(温度) \uparrow \rightarrow I_C \uparrow \rightarrow I_E \uparrow \rightarrow U_E \uparrow \rightarrow U_{BE} \downarrow \rightarrow I_B \downarrow \rightarrow I_C \downarrow$$

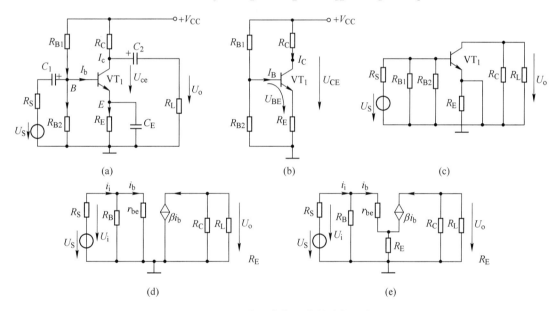

图 2-17　分压式偏置共射放大电路

(a) 分压式偏置放大电路；(b) 直流通路；(c) 交流通路；
(d) 含 CE 的微变等效电路；(e) 不含 CE 的微变等效电路

当温度升高使 I_C 增加，电阻 R_E 上的压降 $I_E R_E$ 增加，也即发射极电位 U_E 升高，而基极电位 U_B 固定，所以净输入电压 $U_{BE} = U_B - U_E$ 减小，从而使输入电流 I_B 减小，最终导致集电极电流 I_C 也减小，这样在温度变化时静态工作点便得到了稳定。但是由于 R_E 的存在使得输入电压 u_i 不能全部加在 B、E 两端，使 u_o 减小，造成了 A_U 的减小。为了克服这一不足，在 R_E 两端再并联一个旁路电容 C_E，使得对于直流 C_E 相当于开路，仍能稳定工作点，而对于交流信号，C_E 相当于短路，这使输入信号不受损失，电路的放大倍数不至于因为稳定了工作点而下降。一般旁路电容 C_E 取几十微法到几百微法。图中 R_E 越大，稳定性越好。但过大的 R_E 会使 U_{CE} 下降，影响输出 u_o 的幅度，通常小信号放大电路中 R_E 取几百到几千欧。

B　分压式偏置放大电路的静态工作点分析

图 2 – 17(b) 为分压式偏置放大电路的直流通路，由直流通路得：

$$U_B = \frac{R_{B2}}{R_{B1} + R_{B2}} V_{CC}$$

$$I_C \approx I_E = \frac{U_B - U_{BE}}{R_E} \approx \frac{U_B}{R_E}$$

$$U_{CE} = V_{CC} - I_C R_C - I_E R_E \approx V_{CC} - I_C(R_C + R_E)$$

C　分压式偏置放大电路动态分析

（1）画出微变等效电路如图 2 – 17(d) 所示，电路中的电容对于交流信号可视为短路，R_E 被 C_E 交流旁路掉了。图 2 – 17(d) 中 $R_B = R_{B1}//R_{B2}$。

1）电压放大倍数。

$$\dot{U}_o = -\beta \dot{I}_b R_L'$$

$$R_L' = R_C//R_L$$

$$\dot{U}_i = \dot{I}_b r_{be}$$

$$A_U = \frac{\dot{U}_o}{\dot{U}_i} = \frac{-\beta \dot{I}_b R_L'}{\dot{I}_b r_{be}} = \frac{-\beta R_L'}{r_{be}}$$

2）输入电阻。

$$r_i = \frac{\dot{U}_i}{\dot{I}_i} = \frac{\dot{U}_i}{\dfrac{\dot{U}_i}{R_{B1}} + \dfrac{\dot{U}_i}{R_{B2}} + \dfrac{\dot{U}_i}{r_{be}}}$$

$$r_i = R_B//r_{be} = R_{B1}//R_{B2}//r_{be} \approx r_{be}$$

3）输出电阻 $r_o = R_C$。

（2）若电路中无旁路电容 C_E，对于交流信号而言，R_E 未被 C_E 交流旁路掉，其等效电路如图 2 – 17(e) 所示，图中 $R_B = R_{B1}//R_{B2}$。

1）电压放大倍数。

$$\dot{U}_o = -\beta \dot{I}_b R_L'$$

$$R_L' = R_C//R_L$$

$$\dot{U}_i = \dot{I}_b r_{be} + (1 + \beta) \dot{I}_b R_E$$

$$A_U = \frac{\dot{U}_o}{\dot{U}_i} = \frac{-\beta \dot{I}_b R_L'}{\dot{I}_b r_{be} + (1 + \beta) \dot{I}_b R_E} = \frac{-\beta R_L'}{r_{be} + (1 + \beta) R_E}$$

2）输入电阻。

$$\dot{U}_i = \dot{I}_b r_{be} + (1 + \beta) \dot{I}_b R_E$$

$$r_i = \frac{\dot{U}_i}{\dot{I}_i} = \frac{\dot{U}_i}{\dfrac{\dot{U}_i}{R_B} + \dfrac{\dot{U}_i}{r_{be} + (1 + \beta) R_E}} = \frac{\dot{U}_i}{\dfrac{\dot{U}_i}{R_{B2}} + \dfrac{\dot{U}_i}{R_{B2}} + \dfrac{\dot{U}_i}{r_{be} + (1 + \beta) R_E}}$$

$$r_i = R_{B1}//R_{B2}//[r_{be} + (1 + \beta)R_E]$$

3）输出电阻 $r_o = R_C$。

任务 2.3　共集电极放大电路（射极输出器）

【知识目标】

（1）掌握射极输出器的构成。

（2）理解射极输出器的工作原理。

【能力目标】

（1）会计算射极输出器的静态工作点。

（2）会画射极输出器的微变等效电路及计算动态参数。

2.3.1　任务描述与分析

语音放大器输入放大电路主要由共射极放大电路和共集电极放大电路构成。前面的任务主要介绍了共射极放大电路，在这一任务中将根据电路的构成介绍共集电极放大电路。语音放大器输入电路中共集电极放大电路如图 2 – 18 所示。

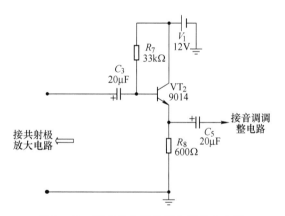

图 2 – 18　语音放大器共集电极放大电路

2.3.2　相关知识

图 2 – 19（a）所示为阻容耦合共集电极放大电路。由图可见，放大电路的交流信号由晶体管的发射极经耦合电容 C_2 输出，故名射极输出器。

由图 2 – 19（c）射极输出器的交流通路可见，集电极是输入回路和输出回路的公共端。输入回路为基极到集电极的回路，输出回路为发射极到集电极的回路。所以，射极输出器从电路连接特点而言，为共集电极放大电路。

射极输出器与已讨论过的共射放大电路相比，有着明显的特点，学习时务必注意。

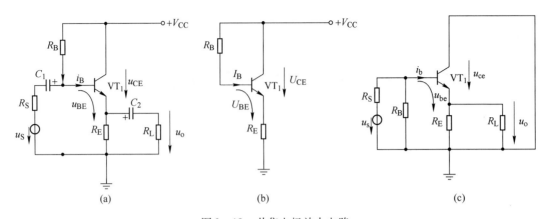

图 2 – 19　共集电极放大电路

（a）共集电极放大电路；（b）直流通路；（c）交流通路

2.3.2.1　共集电极放大电路的静态分析

由图 2 – 19(b) 为射极输出器的直流通路。由此确定静态值。

$$V_{CC} = I_B R_B + U_{BE} + I_E R_E, \quad I_E = I_B + I_C = (1 + \beta) I_B$$

因为
$$I_B = \frac{V_{CC} - U_{BE}}{R_B + (1 + \beta) R_E}$$

所以
$$I_E = \frac{V_{CC} - U_{BE}}{\dfrac{R_B}{1 + \beta} + R_E}$$

$$U_{CE} = V_{CC} - I_E R_E$$

2.3.2.2　共集电极放大电路的动态分析

由图 2 – 19(c) 所示的交流通路画出微变等效电路，如图 2 – 20 所示。

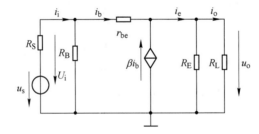

图 2 – 20　射极输出器的微变等效电路

（1）电压放大倍数。由微变等效电路及电压放大倍数的定义得：

$$\dot{U}_o = (1 + \beta) \dot{I}_b (R_E /\!/ R_L)$$

$$\dot{U}_i = \dot{I}_b r_{be} + \dot{U}_o = \dot{I}_b r_{be} + (1 + \beta) \dot{I}_b (R_E /\!/ R_L)$$

$$\dot{A}_U = \frac{\dot{U}_o}{\dot{U}_i} = \frac{(1 + \beta) \dot{I}_b (R_E /\!/ R_L)}{\dot{I}_b r_{be} + (1 + \beta) \dot{I}_b (R_E /\!/ R_L)}$$

$$= \frac{(1+\beta)(R_{\mathrm{E}}//R_{\mathrm{L}})}{r_{\mathrm{be}} + (1+\beta)(R_{\mathrm{E}}//R_{\mathrm{L}})}$$

从上式可以看出：射极输出器的电压放大倍数恒小于 1，但接近于 1。

若 $(1+\beta)(R_{\mathrm{E}}//R_{\mathrm{L}}) \gg r_{\mathrm{be}}$，则 $A_{\mathrm{U}} \approx 1$，输出电压 $\dot{U}_{\mathrm{o}} \approx \dot{U}_{\mathrm{i}}$，$A_{\mathrm{U}}$ 为正数，说明 $\dot{U}_{\mathrm{o}}$ 与 $\dot{U}_{\mathrm{i}}$ 不但大小基本相等而且相位相同。即输出电压紧紧跟随输入电压的变化而变化。因此，射极输出器也称为电压跟随器。

值得指出的是：尽管射极输出器无电压放大作用，但射极电流 I_{E} 是基极电流 I_{B} 的 $1+\beta$ 倍，输出功率也近似是输入功率的 $1+\beta$ 倍，所以射极输出器具有一定的电流放大作用和功率放大作用。

（2）输入电阻。由图 2 - 20 微变等效电路及输入电阻的定义得：

$$r_{\mathrm{i}} = \frac{\dot{U}_{\mathrm{i}}}{\dot{I}_{\mathrm{i}}} = \frac{\dot{U}_{\mathrm{i}}}{\dfrac{\dot{U}_{\mathrm{i}}}{R_{\mathrm{B}}} + \dfrac{\dot{U}_{\mathrm{i}}}{r_{\mathrm{be}} + (1+\beta)(R_{\mathrm{E}}//R_{\mathrm{L}})}} = \frac{1}{\dfrac{1}{R_{\mathrm{B}}} + \dfrac{1}{r_{\mathrm{be}} + (1+\beta)(R_{\mathrm{E}}//R_{\mathrm{L}})}}$$

$$= R_{\mathrm{B}}//[r_{\mathrm{be}} + (1+\beta)(R_{\mathrm{E}}//R_{\mathrm{L}})]$$

一般 R_{B} 和 $r_{\mathrm{be}} + (1+\beta)(R_{\mathrm{E}}//R_{\mathrm{L}})$ 都要比 r_{be} 大得多，因此射极输出器的输入电阻比共射放大电路的输入电阻要高。射极输出器的输入电阻高达几十千欧到几百千欧。

（3）输出电阻。根据输出电阻的定义，用加压求流法计算输出电阻，其等效电路如图 2 - 21 所示。图中已去掉独立源（信号源 $\dot{U}_{\mathrm{S}}$）。在输出端加上电压 $\dot{U}_{\mathrm{o}}$，产生电流 $\dot{I}'_{\mathrm{o}}$。由图 2 - 21 得：

$$\dot{I}'_{\mathrm{o}} = -\dot{I}_{\mathrm{b}} - \beta\dot{I}_{\mathrm{b}} + \dot{I}_{\mathrm{e}} = -(1+\beta)\dot{I}_{\mathrm{b}} + \dot{I}_{\mathrm{e}}$$

$$= (1+\beta)\frac{\dot{U}'_{\mathrm{o}}}{r_{\mathrm{be}} + (R_{\mathrm{B}}//R_{\mathrm{S}})} + \frac{\dot{U}'_{\mathrm{o}}}{R_{\mathrm{E}}}$$

$$r_{\mathrm{o}} = \frac{\dot{U}'_{\mathrm{o}}}{\dot{I}'_{\mathrm{o}}} = \frac{\dot{U}'_{\mathrm{o}}}{\dfrac{\dot{U}'_{\mathrm{o}}}{r_{\mathrm{be}} + (R_{\mathrm{B}} + R_{\mathrm{E}})} + \dfrac{\dot{U}'_{\mathrm{o}}}{R_{\mathrm{E}}}} = R_{\mathrm{E}}//\frac{r_{\mathrm{be}} + (R_{\mathrm{B}}//R_{\mathrm{S}})}{1+\beta}$$

在一般情况下，$R_{\mathrm{B}} \gg R_{\mathrm{S}}$，所以 $r_{\mathrm{o}} \approx R_{\mathrm{E}}//\dfrac{r_{\mathrm{be}} + R_{\mathrm{S}}}{1+\beta}$。而通常，$R_{\mathrm{E}} \gg \dfrac{r_{\mathrm{be}} + R_{\mathrm{S}}}{1+\beta}$，因此 $r_{\mathrm{o}} \approx \dfrac{r_{\mathrm{be}} + R_{\mathrm{S}}}{\beta}$。若 $r_{\mathrm{be}} \gg R_{\mathrm{S}}$，则 $r_{\mathrm{o}} \approx \dfrac{r_{\mathrm{be}}}{\beta}$。

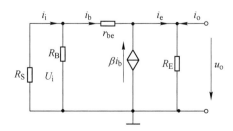

图 2 - 21　共集电极放大电路的输出电阻

射极输出器的输出电阻与共射放大电路相比是较低的，一般在几欧到几十欧。当 r_o 较低时，射极输出器的输出电压几乎具有恒压性。

综上所述，射极输出器具有电压放大倍数恒小于且接近于 1，输入、输出电压同相，输入电阻高，输出电阻低的特点；尤其是输入电阻高、输出电阻低的特点，使射极输出器获得了广泛的应用。

2.3.2.3　射极输出器的作用

由于射极输出器输入电阻高，常被用于多级放大电路的输入级。这样，既可减轻信号源的负担，又可获得较大的信号电压。这对内阻较高的电压信号来讲更有意义。

由于射极输出器的输出电阻低，常被用于多级放大电路的输出级。当负载变动时，因为射极输出器具有几乎为恒压源的特性，所以输出电压不随负载变动而保持稳定，具有较强的带负载能力。

射极输出器也常作为多级放大电路的中间级。射极输出器的输入电阻大，即前一级的负载电阻大，可提高前一级的电压放大倍数；射极输出器的输出电阻小，即后一级的信号源内阻小，可提高后一级的电压放大倍数。这对于多级共射放大电路来讲，射极输出器起了阻抗变换作用，提高了多级共射放大电路的总的电压放大倍数，改善了多级共射放大电路工作性能。

2.3.3　知识拓展

2.3.3.1　多级放大电路

小信号放大电路的输入信号一般为毫伏甚至微伏量级，功率在 1mW 以下。为了推动负载工作，输入信号必须经多级放大后，使其在输出端能获得一定幅度的电压和足够的功率。多级放大电路的框图如图 2 - 22 所示。它通常包括输入级、中间级、推动级和输出级几个部分。

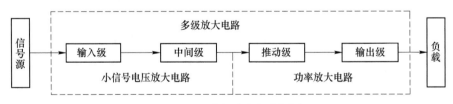

图 2 - 22　多级放大电路框图

多级放大电路的第一级称为输入级，对输入级的要求往往与输入信号有关。中间级的用途是进行信号放大，提供足够大的放大倍数，它常由几级放大电路组成。多级放大电路的最后一级是输出级，它与负载相接。因此对输出级的要求要考虑负载的性质。推动级的用途就是实现小信号到大信号的缓冲和转换。

2.3.3.2　多级放大电路的耦合方式

耦合方式是指信号源和放大器之间、放大器中各级之间、放大器与负载之间的连接方式。最常用的耦合方式有直接耦合、阻容耦合和变压器耦合三种。阻容耦合应用于分立元件多级交流放大电路中；放大缓慢变化的信号或直流信号采用直接耦合的方式；变压器耦合在放大电路中的应用逐渐减少。本书只讨论前两种级间耦合方式。

（1）直接耦合放大电路。放大器各级之间，放大器与信号源或负载直接连起来，或者经电阻等能通过直流的元件连接起来，称为直接耦合方式，如图 2-23 所示。直接耦合方式不但能放大交流信号，而且能放大变化极其缓慢的超低频信号以及直流信号。现代集成放大电路都采用直接耦合方式，这种耦合方式得到越来越广泛的应用。然而，直接耦合方式有其特殊的问题，其中主要是前、后级静态工作点互相牵制与零点漂移两个问题。

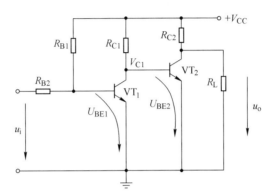

图 2-23　直接耦合两级放大电路

（2）阻容耦合放大电路。图 2-24 所示为两级阻容耦合共射放大电路。两级间的连接通过电容 C_2 将前级的输出电压加在后级的输入电阻上（即前级的负载电阻），故名阻容耦合放大电路。

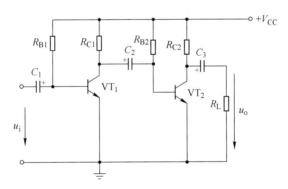

图 2-24　两级阻容耦合共射放大电路

由于电容有隔直作用，因此两级放大电路的直流通路互不相通，即每一级的静态工作点各自独立。耦合电容的选择应使信号频率在中频段时容抗视为零。多级放大电路的静态和动态分析与单级放大电路时一样。两级阻容耦合放大电路的微变等效电路如图 2-25 所示。

多级放大电路的电压放大倍数为各级电压放大倍数的乘积。计算各级电压放大倍数时必须考虑后级的输入电阻对前级的负载效应，因为后级的输入电阻就是前级放大电路的负载电阻，若不计其负载效应，各级的放大倍数仅是空载的放大倍数，它与实际耦合电路不符，这样得出的总电压放大倍数是错误的。

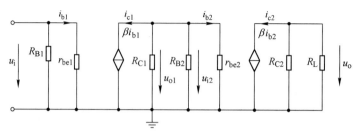

图 2 - 25　两级阻容耦合放大电路的微变等效电路

耦合电容的存在，使阻容耦合放大电路只能放大交流信号，低频特性较差。当信号频率降低时，耦合电容的容抗增大，电容两端产生电压降，使信号受到衰减，放大倍数降低。它不适用于放大低频或缓慢变化的直流信号。

任务 2.4　集成运算放大器

【知识目标】

（1）掌握集成运放的结构特点、组成及各部分的作用。
（2）掌握集成运算放大器的电路实质和基本功能。
（3）掌握集成运算放大器的主要参数。
（4）了解实验室常用的集成运算放大器，知道集成运放使用常识。
（5）掌握集成运放的线性应用。

【能力目标】

（1）掌握集成运算放大器的基本功能。
（2）会根据要求选择集成运算放大器。

2.4.1　任务描述与分析

集成电路是 20 世纪 60 年代发展起来的一种新型电子器件。将一个具有一定功能的电路的所有元件或绝大部分元件，以及元件之间的连线，集中制作在同一块半导体基片上所形成的电路，称为集成电路。集成电路可分为模拟集成电路和数字集成电路两大类。集成运算放大器是模拟集成电路的一种。由于它最初做运算放大使用，所以取名为运算放大器。而目前它已广泛应用于信号处理、信号变换及信号发生等各个方面，因此在控制、测量、仪表等领域占有重要的地位。

集成运算放大器实质是一个高增益的多级直接耦合放大电路。电路中所用的电感、大容量电容和高阻值电阻元件为外接元件。集成电路芯片用绝缘材料封装后，靠引脚对外连接（电源、地以及外接元件）。

集成电路采用硅平面制造工艺，将二极管、三极管、电阻、电容等元器件以及它们之间的连线同时制造在一小块半导体基片上，并封装在一个外壳内，构成具有特定功能的电路和系统。

2.4.2　相关知识

2.4.2.1　集成运算放大器的特点和基本组成

A　集成运算放大器的特点

集成运算放大器是模拟集成电路的一种。由于集成电路工艺的限制，集成电路的主要特点有：

（1）元器件具有良好的一致性和同向偏差，因而特别有利于实现需要对称结构的电路。

（2）集成电路的芯片面积小，集成度高，所以功耗很小，在毫瓦以下。

（3）不易制造大电阻。需要大电阻时，往往使用有源负载。

（4）只能制作几十皮法以下的小电容。因此，集成放大器都采用直接耦合方式。如需大电容，只有外接。

（5）不能制造电感，如需电感，也只能外接。

B　集成运算放大器的基本组成

集成运算放大器是一种集成化的半导体器件，它实质上是一个具有很高放大倍数的、高增益的直接耦合多级放大电路，可以简称为集成运放组件。它由输入级、中间级、输出级和偏置电路四部分组成，其典型结构如图 2-26 所示。

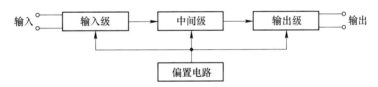

图 2-26　集成运算放大器的结构

（1）输入级。输入级又称前置级，采用双端输入，接收输入信号。其特点是：输入电阻高，失调和零漂小，差模电压放大倍数大，抑制共模信号的能力强。

（2）中间级。中间级一般是两级以上的差分放大电路，采用共射放大电路。其特点是：起整体电路的主要放大作用，电压放大倍数可达千倍以上；为了提高电压放大倍数，电路常用复合管作放大管，或放大电路为有源负载放大电路。

（3）输出级。输出级就是功率放大级，为单端输出。其特点是：输出电阻小（即电路带负载的能力强），动态范围宽（属大信号放大），多采用互补对称（输出）电路。

（4）偏置电路。偏置电路为内部各级放大电路提供静态偏置，即提供偏置电流。其特点是：由于各级放大电路的静态电流较小，若采用普通的偏置电路，则偏置电阻的阻值较大，一般超过 $100k\Omega$，而如此高阻值的电阻在集成电路内部制作起来很困难，故偏置电路（除输出级以外）采用特殊电路——电流源电路。

2.4.2.2　集成运算放大器的电路实质和电压传输特性

集成运算放大器的电路实质是一个高增益的多级直接耦合放大电路。每一级多为差分放大电路。

集成运算放大器由于是直接耦合放大电路，故既可以放大直流信号也可以放大交流信号。其幅频特性如图 2 – 27 所示。

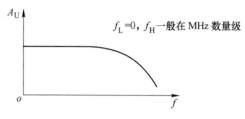

图 2 – 27　集成运放幅频特性

由于增益很高，因此集成运算放大器在线性应用中需要外接深度负反馈网络。不同的负反馈网络使电路可以实现各种功能。

集成运放的符号如图 2 – 28 所示，电压传输特性如图 2 – 29 所示。

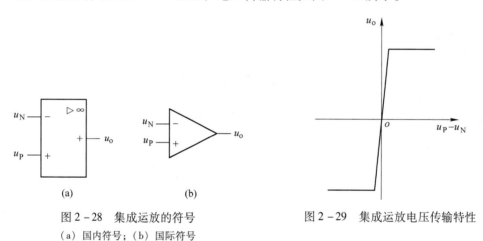

图 2 – 28　集成运放的符号

（a）国内符号；（b）国际符号

图 2 – 29　集成运放电压传输特性

在线性区有：

$$u_o = A_{od}(u_P - u_N)$$

式中，A_{od} 是开环差模放大倍数。

由于 A_{od} 高达几十万倍，所以集成运放工作在线性区时的最大输入电压（$u_P - u_N$）的数值仅为几十至一百多微伏。当其大于此值时，集成运放的输出不是 $+ U_{om}$，就是 $- U_{om}$，即集成运放工作在非线性区。

2.4.2.3　常用的集成运算放大器

集成运算放大器是模拟集成电路中应用最广泛的一种器件。在由运算放大器组成的各种系统中，由于应用要求不一样，对运算放大器的性能要求也不一样。在没有特殊要求的场合，尽量选用通用型集成运放，这样既可降低成本，又容易保证货源。实验室常用的集成运算放大器有 UA741 和 LM324 两种。

（1）UA741。图 2 – 30 为 UA741 集成运算放大器的外形和管脚图。它有 8 个管脚，各管脚的用途如下：

1）输入端和输出端。UA741 的管脚 2 和 3 为差分输入级的两个输入端，管脚 6 为功放级的输出端。管脚 2 为反相输入端，输入信号由此端与参考段接入时，6 端的输出信号

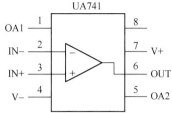

图 2-30 UA741 外形和管脚图

与输入信号反相（或极性相反）。管脚 3 为同相输入端，输入信号由此端与参考段接入时，6 端的输出信号与输入信号同相（或极性相同）。运算放大器的反相和同相输入端对于它的应用极为重要，绝对不能接错。

2）电源端。管脚 7 与 4 为外接电源端，为集成运算放大器提供直流电源。运算放大器通常采用双电源供电方式，4 脚接负电源组的负极，7 脚接正电源组的正极，使用时不能接错。

3）调零端。管脚 1 和 5 为外接调零补偿电位器端。

（2）LM324。LM324 是四运放集成电路，它采用 14 脚双列直插塑料封装，外形如图 2-31(a) 所示。它的内部包含四组形式完全相同的运算放大器，除电源共用外，四组运放相互独立。

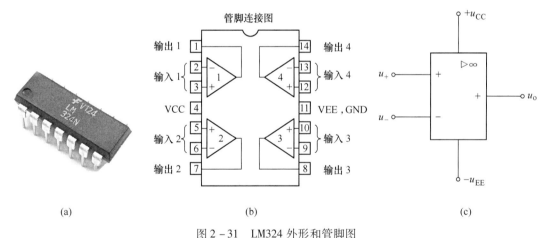

图 2-31 LM324 外形和管脚图
（a）外形图；（b）管脚图；（c）单个运放的引脚图

每一组运算放大器可用图 2-31(c) 所示的符号来表示，它有 5 个引出脚，其中 "u_+"、"u_-" 为两个信号输入端，"$+u_{CC}$"、"$-u_{EE}$" 为正、负电源端，"u_o" 为输出端。两个信号输入端中，u_- 为反相输入端，表示运放输出端 u_o 的信号与该输入端的相位相反；u_+ 为同相输入端，表示运放输出端 u_o 的信号与该输入端的相位相同。

由于 LM324 四运放电路具有电源电压范围宽、静态功耗小、可单电源使用、价格低廉等优点，因此被广泛应用在各种电路中。

2.4.2.4 集成运算放大器的主要参数

集成运算放大器的性能可用多种参数表示，了解这些参数有助于正确选择和使用各种不同类型的集成运算放大器。

（1）输入失调电压 U_{IO}。一个理想的集成运放，当输入电压为零时，输出电压也应为零（不加调零装置）。但实际上它的差分输入级很难做到完全对称，通常在输入电压为零时，存在一定的输出电压。在室温（25℃）及标准电源电压下，输入电压为零时，为了使集成运放的输出电压为零，在输入端加的补偿电压称为失调电压 U_{IO}。实际上指输入电压 U_1 时，输出电压 U_o 折合到输入端的电压的负值，即

$$U_{IO} = -\left(U_o \bigg|_{U_{i-o}} \right) / A_{v0}$$

U_{IO} 的大小反映了运放制造中电路的对称程度和电位配合情况一般为 $\pm(1 \sim 10)\,\mathrm{mV}$。$U_{IO}$ 值愈大，说明电路的对称程度愈差。

（2）输入偏置电流 I_{IB}。集成运放的两个输入端是差分对管的基极，因此两个输入端总需要一定的输入电流 I_{BN} 和 I_{BP}。输入偏置电流是指集成运放输出电压为零时，两个输入端静态电流的平均值，如图 2-32 所示。当 $U_o = 0$ 时，偏置电流为 $I_{IB} = (I_{BN} + I_{BP})/2$。

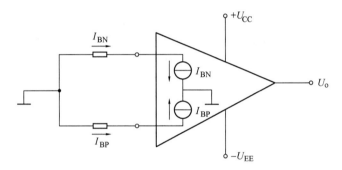

图 2-32　输入偏置电流

输入偏置电流的大小，在电路外接电阻确定之后，主要取决于运放差分输入级 BJT 的性能，当 BJT 的 β 值太小时，将引起偏置电流增加。从使用角度来看，偏置电流愈小，由信号源内阻变化引起的输出电压变化也愈小，故它是重要的技术指标，一般为 $10\mathrm{nA} \sim 1\mu\mathrm{A}$。

（3）输入失调电流 I_{IO}。在 BJT 集成电路运放中，输入失调电流 I_{IO} 是指当输出电压为零时流入放大器两输入端的静态基极电流之差，即

$$I_{IO} = |\,I_{BP} - I_{BN}\,|$$

由于信号源内阻的存在，I_{IO} 会引起一输入电压，破坏放大器的平衡，使放大器输出电压不为零，所以，希望 I_{IO} 愈小愈好。它反映了输入级有效差分对管的不对称程度，一般为 $1\mathrm{nA} \sim 0.1\mu\mathrm{A}$。

（4）温度漂移。放大器的温度漂移是漂移的主要来源，而它又是由输入失调电压和输入失调电流随温度的漂移所引起的，故常用下面方式表示：

1）输入失调电压温漂 $\Delta U_{IO}/\Delta T$。这是指在规定温度范围内 ΔU_{IO} 的温度系数，是衡量电路温漂的重要指标。$\Delta U_{IO}/\Delta T$ 不能用外接调零装置的办法来补偿。高质量的放大器常选用低漂移的器件来组成，一般为 $\pm(10 \sim 20)\mu\mathrm{V}/℃$。

2）输入失调电流温漂 $\Delta I_{IO}/\Delta T$。这是指在规定温度范围内 I_{IO} 的温度系数，是对放大器电路漂移的量度，同样不能用外接调零装置来补偿。高质量的运放每度几个皮安。

（5）最大差模输入电压 U_{idmax}。这是指集成运放的反相和同相输入端所能承受的最大电压值。超过这个电压值，运放输入级某一侧的 BJT 将出现发射结的反向击穿，而使运放的性能显著恶化，甚至可能造成永久性损坏。利用平面工艺制成的 NPN 管 U_{idmax} 约为 ±5V，而横向 BJT 可达 ±30V 以上。

（6）最大共模输入电压 U_{icmax}。这是指运放所能承受的最大共模输入电压，一般指运放在作电压跟随器时，使输出电压产生 1% 跟随误差的共模输入电压幅值。超过 U_{icmax} 值，它的共模抑制比将显著下降。高质量的运放 U_{icmax} 可达 ±13V。

（7）最大输出电流 I_{omax}。这是指运放所能输出的正向或负向的峰值电流。

（8）开环差模电压增益 A_{vo}。这是指集成运放工作在线性区，接入规定的负载，无负反馈情况下的直流差模电压增益。A_{vo} 与输出电压 U_o 的大小有关，通常是在规定的输出电压幅度（如 $U_o = ±10V$）测得的值。A_{vo} 又是频率的函数，频率高于某一数值后，A_{vo} 的数值开始下降。图 2 - 33 所示为 741 型运放 A_{vo} 的频率响应。

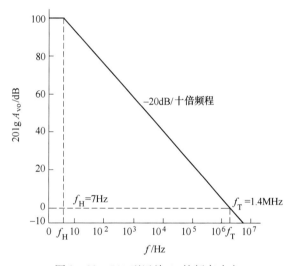

图 2 - 33　741 型运放 A_{vo} 的频率响应

（9）开环带宽 BW(f_H)。开环带宽 BW 又称为 -3dB 带宽，是指开环差模电压增益下降 3dB 时对应的频率 f_H。741 型集成运放的频率响应 $A_{vo}(f)$ 如图 2 - 33 所示。由于电路中补偿电容 C 的作用，它的 f_H 约为 7Hz。

（10）单位增益带宽 BWG(f_T)。它对应于开环电压增益 A_{vo} 频率响应曲线上其增益下降到 $A_{vo} = 1$ 时的频率，即 A_{vo} 为 0dB 时的信号频率 f_T。它是集成运放的重要参数。741 型运放的 $A_{vo} = 2 \times 10^5$ 时，它的 $f_T = A_{vo} \cdot f_H = 2 \times 10^5 \times 7Hz = 1.4MHz$。

2.4.2.5　理想运算放大器的特点及运放传输特性应用

A　理想运算放大器的特点

在分析集成运放构成的应用电路时，将集成运放看成理想运算放大器，可以使分析大大简化。理想运算放大器应当满足以下各项条件：

开环差模电压放大倍数 $A_{uo} = \infty$；

差模输入电阻 $R_{id} = \infty$；

输出电阻 $R_o = 0$；

带宽 $BW = \infty$；

共模抑制比 $K_{CMR} = \infty$；

失调电压、失调电流及它们的温漂均为0；

上限频率 $f_H = \infty$。

尽管理想运放并不存在，但由于实际集成运放的技术指标比较理想，在具体分析时将其理想化一般是允许的。这种分析计算所带来的误差一般不大，只有在需要对运算结果进行误差分析时才予以考虑。本书除特别指出外，集成运放均按理想运放对待。

在分析运放应用电路时，还须了解运放是工作在线性区还是非线性区，只有这样才能按照不同区域所具有的特点与规律进行分析。

B 集成运放传输特性的应用

实际电路中集成运放的传输特性如图 2-34 所示。

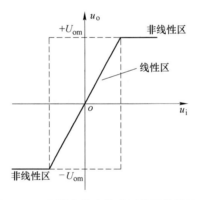

图 2-34 实际电路中集成运放的传输特性

（1）集成运放的线性应用。集成运放工作在线性区的必要条件是引入深度负反馈。当集成运放工作在线性区时，具有两个重要特点：

$$A_{uo} \to \infty$$

则

$$u_+ \approx u_-$$

上式说明，同相端和反相端电压几乎相等，所以称为虚假短路，简称"虚短"。

由集成运放的输入电阻 $R_{id} \to \infty$，得：

$$i_+ = i_- \approx 0$$

上式说明，流入集成运放同相端和反相端的电流几乎为零，所以称为虚假断路，简称"虚断"。

（2）集成运放的非线性应用。当集成运放工作在开环状态或外接正反馈时，由于集成运放的 A_{uo} 很大，只要有微小的电压信号输入，集成运放就一定工作在非线性区。其特点是：输出电压只有两种状态，不是正饱和电压 $+U_{om}$，就是负饱和电压 $-U_{om}$。

1）当同相端电压大于反相端电压，即 $u_+ > u_-$ 时，$u_o = +U_{om}$。

2）当反相端电压大于同相端电压，即 $u_+ < u_-$ 时，$u_o = -U_{om}$。

综上所述，在分析具体的集成运放应用电路时，首先判断集成运放是工作在线性区还是工作在非线性区，再运用线性区和非线性区的特点分析电路的工作原理。

2.4.2.6　集成运放的线性应用分析

常见的基本运算电路有比例运算、加法、减法、微积分和乘法运算等。

A　比例运算电路

（1）反相输入比例运算电路。图 2-35 所示为反相输入比例运算电路。

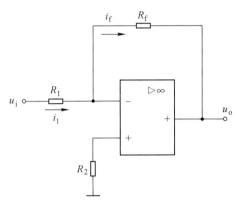

图 2-35　反相输入比例运算电路

$$i_1 = i_f$$

$$i_1 = \frac{u_i}{R_1}, \quad i_f = \frac{0 - u_o}{R_f} = -\frac{u_o}{R_f}$$

$$\frac{u_i}{R_1} = -\frac{u_o}{R_f}$$

$$A_{uf} = -\frac{R_f}{R_1}$$

$$u_o = -\frac{R_f}{R_1}u_i$$

输出电压与输入电压成比例关系，且相位相反。此外，由于反相端和同相端的对地电压都接近于零，所以集成运放输入端的共模输入电压极小，这就是反相输入电路的特点。

当 $R_1 = R_f = R$ 时，$u_o = -\dfrac{R_f}{R_1}u_i = -u_i$，输入电压与输出电压大小相等，相位相反，该电路称为反相器。

R_2 为平衡电阻，等于 R_1 和 R_f 的并联。

（2）同相输入比例运算电路。在图 2-36 中，输入信号 u_i 经过外接电阻 R_2 接到集成运放的同相端，反馈电阻接到其反相端，构成电压串联负反馈。

$$u_+ = u_i, \quad u_i \approx u_- = u_o\frac{R_1}{R_1 + R_f}$$

$$A_{uf} = \frac{u_o}{u_i} = 1 + \frac{R_f}{R_1}$$

$$u_o = \left(1 + \frac{R_f}{R_1}\right)u_i$$

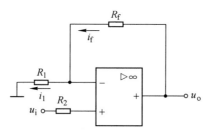

图 2 - 36　同相输入比例运算电路

当 $R_f = 0$ 或 $R_1 \to \infty$ 时，如图 2 - 37 所示，即输出电压与输入电压大小相等，相位相同，该电路称为电压跟随器。

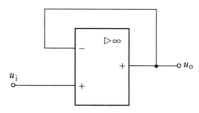

图 2 - 37　电压跟随器

B　加减运算电路

（1）加法电路。如图 2 - 38 所示。根据"虚断"的概念可得：

$$i_f = i_i$$

$$i_i = i_1 + i_2 + \cdots + i_n$$

$$i_1 = \frac{u_{i1}}{R_1}, \quad i_2 = \frac{u_{i2}}{R_2}, \quad \cdots, \quad i_n = \frac{u_{in}}{R_n}$$

$$u_o = -R_1 i_f = -R_f \left(\frac{u_{i1}}{R_1} + \frac{u_{i2}}{R_2} + \cdots + \frac{u_{in}}{R_n} \right)$$

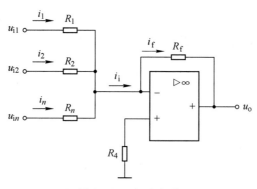

图 2 - 38　加法电路

实现了各信号按比例进行加法运算。

如取 $R_1 = R_2 = \cdots = R_n = R_f$，则 $u_o = -(u_{i1} + u_{i2} + \cdots + u_{in})$，实现了各输入信号的反相相加。

（2）减法电路。能实现减法运算的电路如图 2 - 39(a) 所示。

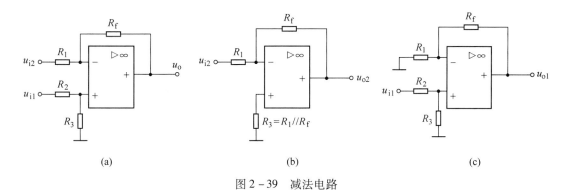

图 2 – 39　减法电路

根据叠加定理，首先令 $u_{i1} = 0$，u_{i2} 单独作用时，电路成为反相比例运算电路，如图 2 – 39（b）所示，其输出电压为：

$$u_o = u_{o1} + u_{o2} = -\frac{R_f}{R_1}u_{i2} + \left(1 + \frac{R_f}{R_1}\right)u_+$$

$$= \left(1 + \frac{R_f}{R_1}\right)\left(\frac{R_3}{R_2 + R_3}\right)u_{i1} - \frac{R_f}{R_1}u_{i2}$$

再令 $u_{i2} = 0$，u_{i1} 单独作用时，电路成为同相比例运算电路，如图 2 – 39（c）所示，同相端电压为：

$$u_{o2} = -\frac{R_f}{R_1}u_{12}$$

$$u_+ = \frac{R_3}{R_2 + R_3}u_{i1}$$

$$u_{o2} = \left(1 + \frac{R_f}{R_1}\right)\left(\frac{R_3}{R_2 + R_3}\right)u_{i1}$$

当 $R_1 = R_2 = R_3 = R_f = R$ 时，$u_o = u_{i1} - u_{i2}$。在理想情况下，它的输出电压等于两个输入信号电压之差，具有很好的抑制共模信号的能力。但是，该电路作为差动放大器有输入电阻低和增益调节困难两大缺点。因此，为了满足输入阻抗和增益可调的要求，在工程上常采用多级运放组成的差动放大器来完成对差模信号的放大。

C　积分与微分电路

（1）积分电路。图 2 – 40 所示为基本积分电路。

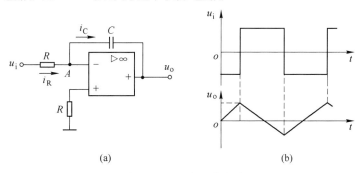

图 2 – 40　基本积分电路

$$u_o = -\frac{1}{C}\int_{t_0}^{t} i_C \mathrm{d}t + u_C \bigg|_{t_0} = -\frac{1}{C}\int_{t_0}^{t} \frac{u_i}{R}\mathrm{d}t + u_C \bigg|_{t_0} = -\frac{1}{RC}\int_{t_0}^{t} u_C \mathrm{d}t + u_C \bigg|_{t_0}$$

当输入信号为 u_i 时，输出为：

$$u_o = -\frac{u_i}{RC}t + u_C \bigg|_{t_0}$$

若 $t_0 = 0$ 时刻电容两端电压为零，则输出为：

$$u_o = -\frac{u_i}{RC}t = -\frac{u_i}{\tau}t$$

式中，$\tau = RC$ 为积分时间常数。当 $t = \tau$ 时，$u_o = -u_i$，这时 t 记为 t_1。当 $t > t_1$，u_o 值再增大，直到 $u_o = -U_{om}$，这时运放进入饱和状态，积分作用停止，保持不变。只有当外加电压变为负值时，电容将反向充电，输出电压从负值开始增加。

由上面的式子可以看出，当输入电压固定时，由集成运放构成的积分电路，在电容充电过程（即积分过程）中，输出电压（即电容两端电压）随时间推移线性增长，增长速度均匀。而简单的 RC 积分电路所能实现的则是电容两端电压随时间按指数规律增长，只在很小范围内可近似为线性关系。从这一点来看，集成运放构成的积分器实现了接近理想的积分运算。

（2）微分电路。将积分电路中的 R 和 C 互换，就可得到微分（运算）电路，如图 2 - 41(a) 所示。在这个电路中，A 点同样为"虚短"，即 $u_A = 0$，再根据"虚断"的概念，$i_- \approx 0$，则 $i_R \approx i_C$。假设电容 C 的初始电压为零，那么：

$$i_C = C\frac{\mathrm{d}u_i}{\mathrm{d}t}$$

$$u_o = -i_R R = -RC\frac{\mathrm{d}u_i}{\mathrm{d}t}$$

上式表明，输出电压为输入电压对时间的微分，且相位相反。

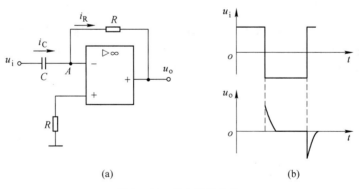

(a)　　　　　　　　　　　　　(b)

图 2 - 41　基本微分电路

2.4.2.7　集成运放的非线性应用分析

A　简单电压比较器

电压比较器是集成运放的非线性应用电路，它将一个模拟量电压信号和一个参考电压相比较，在二者幅度相等的附近，输出电压将产生跃变，相应输出高电平或低电平。比较器可以组成非正弦波形变换电路及应用于模拟与数字信号转换等领域。

常用的电压比较器有过零比较器、具有滞回特性的过零比较器等。

把参考电压和输入信号分别接至集成运放的同相和反相输入端，就组成了简单的电压比较器，如图 2 –42(a)、(b) 所示。

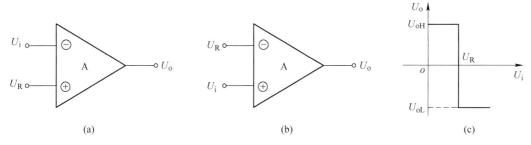

图 2 – 42　简单电压比较器

下面只对图 2 – 42(a) 所示的电路进行分析。它的传输特性如图 2 – 42(c) 所示，它表明：输入电压从低逐渐升高经过 U_R 时，u_o 将从高电平变为低电平。相反，当输入电压从高逐渐到低时，u_o 将从低电平变为高电平。

图 2 – 43 所示为加限幅电路的过零比较器，D_Z 为限幅稳压管。信号从运放的反相输入端输入，参考电压为零，从同相端输入。当 $U_i > 0$ 时，输出 $U_o = -(U_Z + U_D)$；当 $U_i < 0$ 时，$U_o = +(U_Z + U_D)$。过零比较器结构简单，灵敏度高，但抗干扰能力差。因此需要对它进行改进。改进后的电压比较器有滞回比较器和窗口比较器。

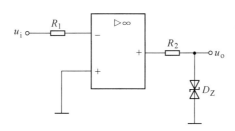

图 2 – 43　过零比较器

B　滞回比较器

在自动控制系统中经常要用到另一种比较器，例如对电冰箱进行温度控制的电子温度控制器。如果对它的要求是冰箱内温度达到10℃时，接通电源使压缩机工作；当冰箱内温度下降到0℃时，切断电源使压缩机停止工作。温度变化用热敏电阻检测，通过检测电路把温度变化转换成相应的电压变化，若该电压与温度的变化成线性关系，即温度升高电压增大，这种控制将用到滞回比较器。那么上面分析过的电压比较器能否胜任这项工作呢？由于电压比较器在反相输入端的电压等于同相输入端的参考电压时，放大器的输出状态就要发生变化，也就是说这种电路输出状态的变化仅取决于输入电压的某一点，若把其用于温度控制器，则压缩机将会在10℃这一点停止工作，但温度刚小于10℃就又开始工作，这就不能达到上述的要求。但用滞回比较器就能实现上述要求。滞回比较器是一种能判断出两种状态的开关电路，它被广泛用于自动控制电路中。

图 2 – 44 为具有滞回特性的过零比较器。过零比较器在实际工作时，如果 u_i 恰好在过

零值附近，则由于零点漂移的存在，u_o 将不断由一个极限值转换到另一个极限值，这在控制系统中，对执行机构将是很不利的。为此，就需要输出特性具有滞回现象。滞回比较器从输出端引一个电阻分压正反馈支路到同相输入端，若 u_o 改变状态，$\sum$ 点也随之改变电位，使过零点离开原来位置。当 u_o 为正（记作 U_+），$U_\Sigma = \dfrac{R_2}{R_f + R_2} U_+$，则当 $u_i > U_\Sigma$ 后，u_o 即由正变负（记作 U_-），此时 U_Σ 变为 $-U_\Sigma$。故只有当 u_i 下降到 $-U_\Sigma$ 以下，才能使 u_o 再度回升到 U_+。

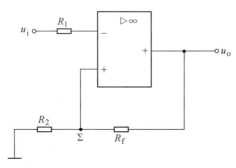

图 2 - 44　滞回比较器

滞回比较器较过零比较器有两个优点：

（1）引入正反馈后加速了输出电压的转变过程，改善输出波形在跃变时的陡度。

（2）提高了电路的抗干扰能力。

2.4.3　知识拓展

根据其技术指标，集成运放可以分为通用型、高输入阻抗型、高精度型、高速型、低功耗型和高压型等几种。

（1）通用型：通用型运算放大器的技术指标比较适中，价格低廉。通用型运放也经过了几代的演变，早期的通用 I 型运放现在已很少使用了。以典型的通用型运放 CF741（μA741）为例，输入失调电压 1~2mV、输入失调电流 20nA、差模输入电阻 2MΩ、开环增益 100dB、共模抑制比 90dB、输出电阻 75Ω、共模输入电压范围 ±13V、转换速率 0.5V/μs。

（2）高输入阻抗型：广泛用于生物医学电信号测量的精密放大电路、有源滤波器、取样 - 保持放大器、对数和反对数放大器、模数和数模转换器。

（3）高精度型（低漂移型）：一般用于毫伏量级或更低的微弱信号的精密检测、精密模拟计算、高精度稳压电源及自动控制仪表中。

（4）高速型和宽带型：用于宽频带放大器、高速 A/D 和 D/A、高速数据采集测试系统。这种运放的单位增益带宽和压摆率的指标均较高，用于小信号放大时，可注重 f_H 或 f_C，用于高速大信号放大时，同时还应注重 S_R。

（5）低功耗型：一般用于对能源有严格限制的遥测、遥感、空间技术和生物科学研究中，工作于较低电压下，工作电流微弱。

（6）功率型：这种运放的输出功率可达 1W 以上，输出电流可达几个安培以上。

任务 2.5　负反馈电路的分析

【知识目标】

（1）掌握反馈的概念与分类。

（2）掌握负反馈的一般框图。

（3）了解负反馈对放大电路的影响。

（4）了解如何改善放大电路的性能。

【能力目标】

（1）会进行放大电路反馈分析。

（2）能正确找出反馈元件，并判断其反馈类型。

2.5.1　任务描述与分析

反馈技术在电路中的应用非常广泛。在放大电路中采用负反馈，可以改善放大电路的工作性能。在前面的任务中介绍的静态工作点的稳定就是采用直流电流负反馈的形式来实现的。因此，在放大电路中研究反馈是非常重要的。

2.5.2　相关知识

2.5.2.1　反馈的基本概念

在电子学系统中，把放大电路的输出量（电压或电流）的一部分或全部，通过反馈网络，反送到输入回路中，从而构成一个闭环系统，使放大电路的输入量不仅受输入信号的控制，而且受放大电路输出量的影响，这种连接方式称为反馈。

引入反馈的放大电路称为反馈放大电路，也称闭环放大电路。

未引入反馈的放大电路称为开环放大电路。

2.5.2.2　反馈的分类

（1）电压反馈和电流反馈。按照反馈信号的取样对象，负反馈可分为电压反馈和电流反馈。当反馈信号取自输出电压时，称为电压反馈；当反馈信号取自输出电流时，称为电流反馈。

（2）串、并联反馈。根据反馈信号在输入端的连接方式，负反馈可分为串联反馈和并联反馈。如果在输入端反馈信号以电压形式叠加，称为串联反馈；若以电流形式叠加，称为并联反馈。

（3）正、负反馈。根据反馈信号对原输入信号的影响，反馈分为正反馈和负反馈。输出量比没有反馈时变大了，这种情况称为正反馈。输出量比没有反馈时变小了，这种情况称为负反馈。

（4）交、直流反馈。如果反馈信号中只有直流成分，即反馈元件只能反映直流量的变化，这种反馈就称为直流反馈。如果反馈信号中只有交流成分，即反馈元件只能反映交流量的变化，这种反馈就称为交流反馈。

2.5.2.3　反馈类型的判别

A　一般识别步骤

（1）判断有无反馈。

（2）判断是正反馈还是负反馈。

（3）判断是直流反馈还是交流反馈。

（4）判断是电压反馈还是电流反馈。

（5）判断是串联反馈还是并联反馈。

B　反馈组态的判别方法

（1）有无反馈的判别。看输入、输出回路之间是否存在反馈通路及有无起联系作用的反馈元件。存在为有反馈，否则没有反馈。

（2）交、直流反馈的判别。电路中存在反馈，如果反馈信号仅有直流成分，则为直流反馈；如果反馈信号仅有交流成分，则为交流反馈；当反馈信号中交直流成分兼而有之，则为交、直流反馈。

（3）电压反馈和电流反馈的判别。对于电压反馈，反馈信号取自输出电压，即 $X_f \propto U_o$；对于电流反馈，反馈信号取自输出电流，即 $X_f \propto i_o$。

也可用输出端交流短路的办法判断：令 $U_o = 0$，反馈信号存在，为电流反馈；反馈信号不存在，为电压反馈。

根据上述判断方法，图 2 - 45 为电压反馈，图 2 - 46 也为电压反馈，图 2 - 47 为电流反馈，图 2 - 48 也为电流反馈。

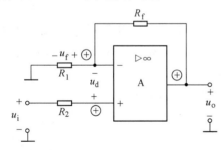

图 2 - 45　电压串联负反馈

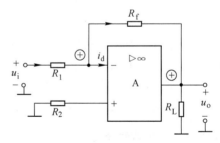

图 2 - 46　电压并联负反馈

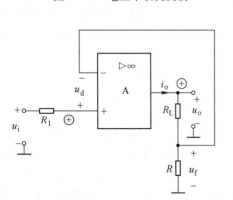

图 2 - 47　电流串联负反馈

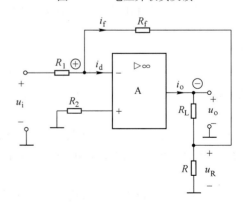

图 2 - 48　电流并联负反馈

（4）串联反馈和并联反馈的判别。输入信号 u_i 和反馈信号 u_f 在输入回路相串联，并以电压相减的形式出现，即 $u_i = u_i - u_f$ 为串联反馈。输入信号 i_i，反馈信号 i_f 在输入回路相并联，并以电流相减的形式出现，即 $i_i = i_i - i_f$ 为并联反馈。

从电路结构来看，输入信号与反馈信号加在放大电路的不同输入端上为串联反馈。输入信号与反馈信号并接在同一输入端上为并联反馈，净输入电压减小是串联反馈；净输入电流减小为并联反馈。

（5）正、负反馈的判别。正、负反馈的判别用瞬时极性法。先设输入信号的极性为"＋"，再标出电路中各有关点对地的交流瞬时极性及各支流的变化趋势，然后观察放大电路的净输入信号是增强还是削弱，增强的为正反馈，削弱的为负反馈。或者当输入信号和反馈信号不在同一节点引入时，两者极性相反时为正反馈，两者极性相同时为负反馈；当输入信号和反馈信号在同一节点引入时，两者极性相反时为负反馈，两者极性相同时为正反馈。

因此，可将负反馈分为四种组态：电压串联负反馈、电流串联负反馈、电压并联负反馈、电流并联负反馈。不同类型负反馈电路的连接特点如下：反馈信号直接从输出端引出，为电压反馈；从负载电阻 R_L 靠近"地"端引出，是电流反馈；输入信号和反馈信号均加在反相输入端，为并联反馈；输入信号和反馈信号均加在不同的输入端，为串联反馈。

2.5.2.4　负反馈放大电路的框图与一般表达式

负反馈放大电路的方框图如图 2-49 所示。

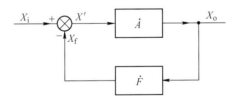

图 2-49　负反馈放大电路的方框图

负反馈放大电路的一般表达式如下：

开环放大倍数
$$\dot{A} = \frac{\dot{X}_o}{\dot{X}_{id}}$$

闭环放大倍数
$$\dot{A}_f = \frac{\dot{X}_o}{\dot{X}_i} = \frac{\dot{X}_o}{\dot{X}_{id} + \dot{X}_f} = \frac{\dot{A}}{1 + \dot{A}\dot{F}}$$

反馈系数
$$\dot{F} = \frac{\dot{X}_f}{\dot{X}_o}$$

反馈深度 $|1 + \dot{A}\dot{F}|$ 越大，反馈越深。当 $1 + \dot{A}\dot{F} > 1$ 时，$\dot{A}_f < \dot{A}$，为负反馈；当 $1 + \dot{A}\dot{F} < 1$ 时，$\dot{A}_f > \dot{A}$，为正反馈；当 $1 + \dot{A}\dot{F} = 0$ 时，$\dot{A}_f \to \infty$，即在没有输入信号时，也会有输出信号，这种现象称自激振荡。

2.5.3　知识拓展

负反馈对放大倍数性能的影响如下：

（1）提高放大倍数的稳定性。引入负反馈后，放大倍数虽然下降到原来的 $1/(1 + \dot{A}\dot{F})$，但是其稳定度却提高了 $1 + \dot{A}\dot{F}$ 倍。$\dot{A}_f$ 仅决定于反馈网络中电阻参数故 $\dot{A}_f$ 比较稳定。

（2）扩展频带。负反馈使放大电路的频带展宽了约 $1 + \dot{A}\dot{F}$ 倍。

（3）减小非线性失真及抑制干扰和噪声。

（4）负反馈对输入电阻的影响。串联负反馈使输入电阻增大，并联负反馈使输入电阻减小。

（5）负反馈对输出电阻的影响。电压负反馈使输出电阻减小，电流负反馈使输出电阻增大。

任务 2.6　功率放大器的应用

【知识目标】

（1）明确功率放大电路的特点及分类。

（2）掌握互补对称功率放大电路及其工作原理。

（3）理解集成功率放大电路的原理及应用。

【能力目标】

（1）会分析功率放大电路的原理。

（2）会对功率放大电路的主要参数进行估算。

2.6.1　任务描述与分析

功率放大器在各种电子设备中有着极为广泛的应用。从能量控制的观点来看，功率放大器与电压放大器没有本质的区别，只是完成的任务不同：电压放大器主要是不失真地放大电压信号，而功率放大器是为负载提供足够的功率，如语音放大器中的扬声器必须有足够大的功率才能发出声音。这种能放大功率的放大电路称为功率放大器。语音放大器中功率放大电路如图 2 - 50 所示。本任务将介绍功放的相关原理。

2.6.2　相关知识

2.6.2.1　功率放大器的特点

功率放大器因其任务与电压放大器不同，所以具有以下特点：

（1）尽可能大的最大输出功率。为了获得尽可能大的输出功率，要求功率放大器中的功放管的电压和电流应该有足够大的幅度，因而要求要充分利用功放管的三个极限参数，

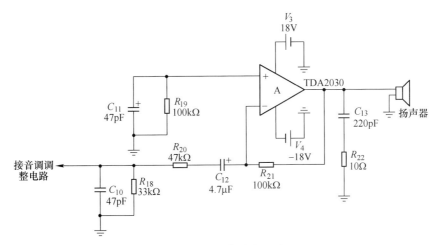

图 2 - 50　功率放大电路

即功放管的集电极电流接近 I_{CM}、管压降最大时接近 $U_{(BR)CEO}$、耗散功率接近 P_{CM}。在保证管子安全工作的前提下，尽量增大输出功率。

（2）尽可能高的功率转换效率。功放管在信号作用下向负载提供的输出功率是由直流电源供给的直流功率转换而来的，在转换的同时，功放管和电路中的耗能元件都要消耗功率。所以，要求尽量减小电路的损耗，以提高功率转换效率。若电路输出功率为 P_o，直流电源提供的总功率为 P_E，其转换效率为：

$$\eta = \frac{P_o}{P_E}$$

（3）允许的非线性失真。工作在大信号极限状态下的功放管，不可避免会存在非线性失真。不同的功放电路对非线性失真要求是不一样的。因此，只要将非线性失真限制在允许的范围内就可以了。

（4）采用图解分析法。电压放大器工作在小信号状况，能用微变等效电路进行分析。而功率放大器的输入是放大后的大信号，不能用微变等效电路进行分析，必须用图解分析法。

2.6.2.2　功率放大器的分类

（1）甲类。甲类功率放大器中晶体管的 Q 点设在放大区的中间，管子在整个周期内，集电极都有电流。导通角为 $360°$，Q 点和电流波形如图 2 - 51(a) 所示。工作于甲类时，管子的静态电流 i_C 较大，而且无论有没有信号，电源都要始终不断地输出功率。在没有信号时，电源提供的功率全部消耗在管子上；有信号输入时，随着信号增大，输出的功率也增大，但是即使在理想情况下，效率也仅为 50%。所以，甲类功率放大器的缺点是损耗大、效率低。

（2）乙类。为了提高效率，必须减小静态电流 i_C，使 Q 点下移。若将 Q 点设在静态电流 $i_C = 0$ 处，即 Q 点在截止区时，管子只在信号的半个周期内导通，称此为乙类。乙类状态下，信号等于零时，电源输出的功率也为零。信号增大时，电源供给的功率也随之增大，从而提高了效率。乙类状态下的 Q 点与电流波形如图 2 - 51(b) 所示。

（3）甲乙类。若将 Q 点设在接近 $i_C \approx 0$ 但 $i_C \neq 0$ 处，即 Q 点在放大区且接近截止区，管子在信号的半个周期以上的时间内导通，称此为甲乙类。由于 $i_C \approx 0$，因此，甲乙类的工作状态接近乙类工作状态。甲乙类状态下的 Q 点与电流波形如图 2 - 51（c）所示。

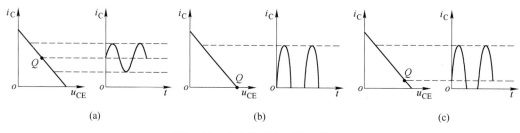

图 2 - 51　Q 点设置与三种工作状态

2.6.2.3　互补对称的功率放大器

互补对称式功率放大电路有两种形式：采用单电源及大容量电容器与负载和前级耦合，而不用变压器耦合的电路的互补对称电路，称为 OTL 无输出变压器互补对称功率放大器；采用双电源不需要耦合电容的直接耦合互补对称电路，称为 OCL 无输出电容耦合互补对称功率放大器。两者工作原理基本相同。由于耦合电容影响低频特性和难以实现电路的集成化，加之 OCL 电路广泛应用于集成电路的直接耦合式功率输出级，因此下面对 OCL 电路作重点讨论。

A　乙类互补对称的功率放大器（OCL）

a　电路的组成及工作原理

图 2 - 52 所示为 OCL 互补对称功率放大电路。它是由一对特性及参数完全对称但类型不同（NPN 和 PNP）的两个晶体管组成的射极输出器电路。输入信号接于两管的基极，负载电阻 R_L 接于两管的发射极，由正、负等值的双电源供电。

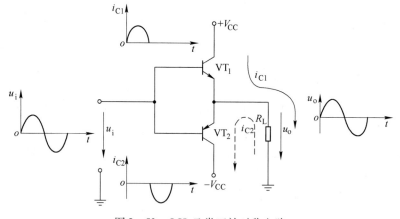

图 2 - 52　OCL 乙类互补对称电路

静态时（$u_i = 0$），由图 2 - 52 可见，两管均未设直流偏置，因而 $I_B = 0$、$I_C = 0$，两管处于乙类。

动态时（$u_i \neq 0$），设输入为正弦信号。当 $u_i > 0$ 时，VT$_1$ 导通，VT$_2$ 截止，R_L 中有实

线所示的经放大的信号电流 i_{C1} 流过，R_L 两端获得正半周输出电压 u_o；当 $u_i < 0$ 时，VT_2 导通，VT_1 截止，R_L 中有虚线所示的经放大的信号电流 i_{C2} 流过，R_L 两端获得输出电压 u_o 的负半周。可见在一个周期内两管轮流导通，使输出 u_o 取得完整的正弦信号。VT_1、VT_2 在正、负半周交替导通，互相补充，故名互补对称电路。功率放大电路采用射极输出器的形式，提高了输入电阻和带负载的能力。

b　输出功率及转换效率

（1）输出功率 P_o。如果输入信号为正弦波，那么输出功率为输出电压、电流有效值的乘积。设输出电压幅度为 U_{om}，则输出功率为：

$$P_o = \left(\frac{U_{om}}{\sqrt{2}}\right)^2 \frac{1}{R_L} = \frac{1}{2}\frac{U_{om}^2}{R_L}$$

（2）电源提供的功率 P_E。电源提供的功率 P_E 为电源电压与平均电流的积，即

$$P_E = V_{CC}I_{dc}$$

输入为正弦波时，每个电源提供的电流都是半个正弦波，幅度为 $\dfrac{U_{om}}{R_L}$，平均值为 $\dfrac{1}{\pi}\dfrac{U_{om}}{R_L}$，因此，每个电源提供的功率为：

$$P_{E1} = P_{E2} = \frac{1}{\pi}\frac{U_{om}}{R_L} \cdot V_{CC}$$

两个电源提供的总功率为：

$$P_E = P_{E1} + P_{E2} = \frac{2}{\pi}\frac{U_{om}}{R_L} \cdot V_{CC}$$

（3）转换效率 η。效率为负载得到的功率与电源供给功率的比值，代入 P_o、P_E 的表达式，可得效率为：

$$\eta = \frac{\dfrac{1}{2}\dfrac{U_{om}^2}{R_L}}{\dfrac{2}{\pi}\dfrac{U_{om}V_{CC}}{R_L}} = \frac{\pi}{4}\frac{U_{om}}{V_{CC}}$$

可见，η 正比于 U_{om}。U_{om} 最大时，P_o 最大，η 最高。忽略管子的饱和压降时，$U_{om} \approx V_{CC}$，因此

$$\eta_M = \frac{\pi}{4} = 78.5\%$$

$$P_{om} = \frac{1}{2}\frac{V_{CC}^2}{R_L}$$

c　功率管的最大管耗

电源提供的功率一部分输出到负载，另一部分消耗在管子上。由前面的分析可得到两个管子的总管耗为：

$$P_T = P_E - P_o = \frac{2}{\pi}\frac{U_{om}}{R_L} \cdot V_{CC} - \frac{1}{2}\frac{U_{om}^2}{R_L}$$

由于两个管子参数完全对称，因此，每个管子的管耗为总管耗的一半，即

$$P_{C1} = P_{C2} = \frac{1}{2}P_T$$

管耗 P_T 与 U_{om} 有关，实际进行设计时，必须找出对管子最不利的情况，即最大管耗 P_{TM}。将 P_T 对 U_{om} 求导，并令导数为零，即令 $\dfrac{dP_C}{dU_{om}} = \dfrac{2}{\pi}\dfrac{V_{CC}}{R_L} - \dfrac{U_{om}}{R_L} = 0$，可得管耗最大时，$U_{om} = \dfrac{2}{\pi}V_{CC}$，最大管耗为：

$$P_{CM} = \frac{2}{\pi}\frac{\frac{2}{\pi}V_{CC}}{R_L} \cdot V_{CC} - \frac{1}{2}\frac{\left(\frac{2}{\pi}V_{CC}\right)^2}{R_L} = \frac{2}{\pi^2}\frac{V_{CC}^2}{R_L} = \frac{4}{\pi^2}P_{om} \approx 0.4P_{om}$$

$$P_{C1M} = P_{C2M} = \frac{1}{\pi^2}\frac{V_{CC}^2}{R_L} \approx 0.2P_{om}$$

d 功率管的选择

根据乙类工作状态及理想条件，功率管的极限参数 P_{CM}、$U_{(BR)CEO}$、I_{CM} 可分别按下式选取：

$$I_{CM} \geqslant \frac{V_{CC}}{R_L}$$

$$U_{(BR)CEO} \geqslant 2V_{CC}$$

$$P_{CM} \geqslant 0.2P_{om}$$

互补对称电路中，一管导通、一管截止，截止管承受的最高反向电压接近 $2V_{CC}$。

e 交越失真及其消除方法

工作在乙类的互补电路，由于发射结存在"死区"。三极管没有直流偏置，管子中的电流只有在 U_{be} 大于死区电压 U_T 后才会有明显的变化，当 $|U_{be}| < U_T$ 时，VT_1、VT_2 都截止，此时负载电阻上电流为零，出现一段死区，使输出波形在正、负半周交接处出现失真，如图 2-53 所示，这种失真称为交越失真。

在图 2-54 所示电路中，为了克服交越失真，静态时，给两个管子提供较小的能消除交越失真所需的正向偏置电压，使两管均处于微导通状态，因而放大电路处在接近乙类的甲乙类工作状态，因此称为甲乙类互补对称电路。

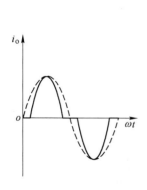

图 2-53 交越失真

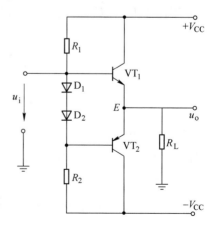

图 2-54 甲乙类互补对称电路

图 2-54 所示是由二极管组成的偏置电路，给 VT_1、VT_2 的发射结提供所需的正偏压。静态时，$I_{C1} = I_{C2}$，在负载电阻 R_L 中无静态压降，所以两管发射极的静态电位 $U_E = 0$。在输入信号作用下，因 D_1、D_2 的动态电阻都很小，VT_1 和 VT_2 管的基极电位对交流信号而言可认为是相等的，正半周时，VT_1 继续导通，VT_2 截止；负半周时，VT_1 截止，VT_2 继续导通，这样，可在负载电阻 R_L 上输出已消除了交越失真的正弦波。因为电路处在接近乙类的甲乙类工作状态。因此，电路的动态分析计算可以近似按照分析乙类电路的方法进行。

B　单电源互补对称电路（OTL）

图 2-55 为单电源 OTL 互补对称功率放大电路。电路中放大元件仍是两个不同类型但特性和参数对称的晶体管，其特点是由单电源供电，输出端通过大电容量的耦合电容 C_L 与负载电阻 R_L 相连。

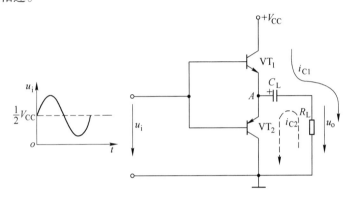

图 2-55　OTL 乙类互补对称电路

OTL 电路工作原理与 OCL 电路基本相同。

静态时，因两管对称，穿透电流 $I_{CEO1} = I_{CEO2}$，所以中点电位 $U_A = \dfrac{1}{2}V_{CC}$，即电容 C_L 两端的电压 $U_{CL} = \dfrac{1}{2}V_{CC}$。

动态有信号时，如不计 C_L 的容抗及电源内阻的话，在 u_i 正半周 VT_1 导通、VT_2 截止。
电源 V_{CC} 向 C_L 充电并在 R_L 两端输出正半周波形；在 u_i 负半周 VT_1 截止、VT_2 导通，C_L 向 VT_2 放电提供电源，并在 R_L 两端输出正半周波形。只要 C_L 容量足够大，放电时间常数 $R_L C_L$ 远大于输入信号最低工作频率所对应的周期，则 C_L 两端的电压可认为近似不变，始终保持为 $\dfrac{1}{2}V_{CC}$。因此，VT_1 和 VT_2 的电源电压都是 $\dfrac{1}{2}V_{CC}$。

讨论 OCL 电路所引出的计算 P_o、P_E、η 等公式中，只要以 $\dfrac{1}{2}V_{CC}$ 代替式中的 V_{CC}，就可以用于 OTL 电路的公式计算。

2.6.3　知识拓展

2.6.3.1　采用复合管的准互补对称电路

A　复合管

互补对称电路需要两个管子配对，一般异型管的配对比同型管更难。特别在大功率工作时，异型管的配对尤为困难。为了解决这个问题，实际中常采用复合管。

将前一级 VT_1 的输出接到下一级 VT_2 的基极，两级管子共同构成了复合管。另外，为避免后级 VT_2 管子导通时，影响前级管子 VT_1 的动态范围，VT_1 的 CE 不能接到 VT_2 的 BE之间，必须接到 CB 间。

基于上述原则，将 PNP、NPN 管进行不同的组合，可构成四种类型的复合管，如图 2-56 所示。其中，由同型管构成的复合管称为达林顿管，电阻 R_1 为泄放电阻，其作用是为了减小复合管的穿透电流 I_{CEO}。另外，根据不同类型管子各极的电流方向，可以将复合管进行等效，四种复合管的等效类型如图 2-56 所示，可以看出，复合管的类型与第一级管子的类型相同；如果两管电流放大系数分别为 β_1、β_2，则等效电流放大系数近似为：

$$\beta \approx \beta_1 \cdot \beta_2$$

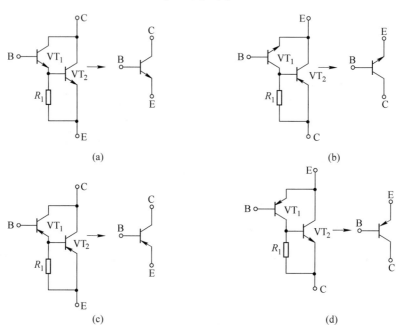

图 2-56　四种类型的复合管及等效类型

如果复合管中 VT_1 为小功率管，VT_2 为大功率管，在构成互补对称电路时，用复合管代替互补管，例如，用图 2-56(b) 和（c）的同型复合管和异型复合管来代替图 2-56 中的 NPN、PNP 管，就可用一对同型的大功率管和一对异型的小功率管构成互补对称电路，从而解决了异型大功率管的配对难的问题。另外，可以得到复合管的等效输入电阻为：

$$r_{be} \approx r_{be1} + (1 + \beta) r_{be2}$$

可以看出，复合管的等效电流放大倍数和输入电阻都很大，因此复合管还可用于中间放大级。

B　异型复合管组成的准互补对称电路

异型复合管组成的准互补对称电路如图 2-57 所示。图中，调整 R_3 和 R_4 可以使 VT_3、VT_4 有一个合适的静态工作点；R_6 为改善偏置热稳定性的发射极电阻；R_L 短路时，还可限制复合管电流的增长，起到一定的保护作用。电路的工作情况与互补对称电路相同。

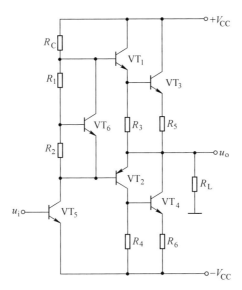

图 2-57　异型复合管组成的准互补对称电路

2.6.3.2　集成功率放大器

目前有很多种 OCL、OTL 功率放大集成电路，这些电路使用简单、方便。

LM386 是一种音频集成功率放大器，具有功耗低、增益可调整、电源电压范围大、外接元件少等优点。

A　主要参数

电路类型：OTL。

电源电压范围：5～18V。

静态电源电流：4mA。

输入阻抗：50kΩ。

输出功率：1W（$V_{CC}=16V$，$R_L=32Ω$）。

电压增益：26～46dB。

带宽：300kHz。

总谐波失真：0.2%。

B　引脚图

LM386 的引脚如图 2-58 所示。

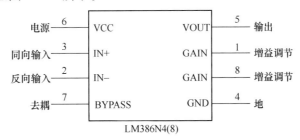

图 2-58　LM386 的引脚

图 2-58 中，引脚 2 是反相输入端，3 为同相输入端；引脚 5 为输出端；引脚 6 和 4 是电源和地线；引脚 1 和 8 是电压增益设定端，使用时在引脚 7 和地线之间接旁路电容，通常取 $10\mu F$。

C　集成功率放大器的应用

图 2-59 所示为 LM386 的一种基本用法，也是外接元件最少的用法，C_2 为输出电容，由于引脚 1 和 8 开路，负反馈量最大，电压放大倍数约为 20 倍，利用 R_W 可以调节扬声器的音量。C_1 为旁路电容，和 R_1 组成的串联网络用于进行相位补偿。

静态时输出电容上的电压为 $\frac{1}{2}V_{CC}$，则最大不失真输出电压峰-峰值约为电源 V_{CC}，设输出电阻 R_L，则最大输出功率为：

$$P_{om} \approx \frac{\left(\dfrac{V_{CC}/2}{\sqrt{2}}\right)^2}{R_L} = \frac{V_{CC}^2}{8R_L}$$

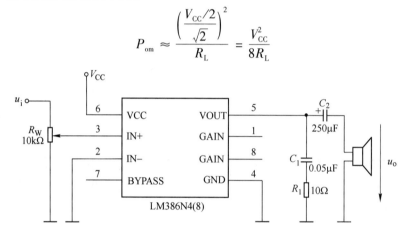

图 2-59　LM386 的最少元件用法

当 $V_{CC}=16V$、$R_L=32\Omega$、$P_{om}=1W$ 时，输入电压的有效值为：

$$u_i = \frac{\dfrac{V_{CC}}{2}/\sqrt{2}}{A_U} \approx 283mV$$

任务 2.7　语音放大器的组装与调试

【知识目标】

（1）掌握语音放大器的整体电路的构成。
（2）掌握语音放大器电子电路的识图方法。

【能力目标】

（1）会分析语音放大器的原理。
（2）会对语音放大器整机进行安装与调试。

2.7.1　任务描述与分析

任何电子产品的组装、调试、维修与改进，首先都是要研究它的电路原理图。只有对电路原理进行透彻地理解以后，才能在实际的产品制作过程中进行正确的安装与调试，并能够对其故障进行排除。

2.7.2　相关知识

2.7.2.1　电路识图的思路和步骤

识图就是指能够看懂电路原理图，并具备对电路进行原理分析、调试、故障处理、性能改进的能力。识图的思路是先将整个电路分成若干个独立的部分，清楚每一个部分的工作原理和主要功能，然后再分析各个部分电路之间的联系，从而得出整个电路的性能。识图的具体步骤如下：

（1）了解用途。了解用途即了解电路的作用，根据它的使用场合大致了解其主要功能和技术指标，这对后续的原理、功能及性能指标分析均有指导意义。

（2）电路分解。电路分解是采取化繁为简的方法，把电路分成若干个独立的部分。它可以用框图的形式表示，并且还可以往下细分为很多的基本单元。

（3）功能分析。运用所学的基本理论知识，逐级分析每一部分的工作原理和主要功能，若遇到复杂电路还可以对其简化，当然功能分析是关键，还必须借助于相关资料文献，运用对比分析的方法，弄清这些环节的原理。

（4）统观整体。统观整体其实就是将各部分电路的功能进行综合，从而得到整个电路的功能。它可以根据各个电路之间的联系，用框图将各个电路连接起来，得到整个电路的框图，再由整体框图分析信号在电路中的传递和变化，从而得到整个电路的工作原理和功能。

（5）指标估算。通过对电路主要指标的估算达到对电路功能定量的了解。其方法是通过对各部分电路进行定量估算，最终得出整个电路的性能指标。通过对各部分性能指标的估算可知电路各部分的性能对电路产生的影响，为电路的调试、维修和改进做好基础工作。

2.7.2.2　电路图的种类

电路图一般分为电路原理图、电路框图和电路接线图。

（1）电路原理图。所谓电路原理图就是将电路中所用到的元件用规定的符号表示出来，并画出它们之间的连接情况，并且各个元件还需注明其编号、型号等参数，以便用于分析电路的工作原理。

（2）电路框图。采用将电路分解的方法将其分为若干组成部分，每一个部分用一个方框表示，并在方框内写明名称、功能和作用，用连线表示各个部分之间的关系，必要时还可用文字和符号说明。

（3）电路连接图。电路连接图就是电路装配图，是将电路原理图中的各个元器件及连线按照布线规则绘制的图，各元件均配以名称和标号。在电子电路中，电路接线图就是印制电路板图，各元件都是以封装图的形式表示，这种图主要是便于电路的安装和故障的检测及维修。

2.7.2.3　识图举例

A　声光延时报警电路

图 2-60 所示为声光延时报警电路，图中主要由 NE555 集成块及一些分立元器件构

成，利用光敏电阻控制三极管的导通状态，进而控制声音信号的放大和传送，实现声音信号和光照信号一起控制报警电路的作用。

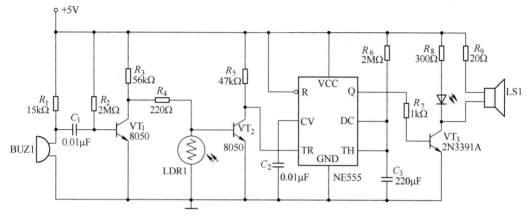

图 2 - 60　声光延时报警电路

（1）分解电路。根据信号的流通，声光延时报警电路主要由电源、声光控制、延时电路和声光报警电路四部分构成。

（2）功能分析。当光照较强时，光敏电阻 LDR1 阻值约为 2kΩ，三极管 VT$_2$ 静态工作点太低，声音信号不能送入 NE555 进行延时，因此报警电路不工作。当光照较弱时，光敏电阻 LDR1 阻值约为几百 kΩ，三极管 VT$_2$ 静态工作点合适，声音信号能送到 NE555 进行延时，因此报警电路能够工作。

（3）统观整体。根据上述分析，图 2 - 60 所示电路的框图如图 2 - 61 所示。

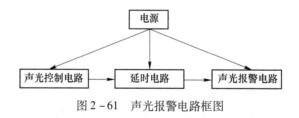

图 2 - 61　声光报警电路框图

B　放大电路进行识图及原理分析

根据图 2 - 1，下面对语音放大器进行分析。

（1）用途了解。语音放大器主要用于声音的放大及音质的改善。该语音放大电路的输出功率约为 20W，失真度不大于 1%，其输出电压在 20Hz ~ 20kHz 内波动不大于 3dB，并且具有音调控制电路的功能。

（2）电路分解。根据信号的传递方向，该电路主要由直流稳压电源电路、输入放大电路、音调调整电路和功率放大电路四部分构成。其中直流稳压电源主要是为整机正常工作提供一个稳定的直流电压。输入放大电路主要是对输入端微弱信号进行放大并且要满足灵敏度高、噪声小、失真小的特点。音调调整电路主要是对音频信号的高低音进行控制，以满足不同的人们对声音个性化的要求。功率放大电路主要是对音频信号进行放大，以驱动扬声器发出声音，同时还要满足功率大、失真小的特点。

（3）功能分析。该语音放大电路的电源主要由两部分组成：一部分给功率放大电路提供一个正负对称的 15V 直流电源，另外一部分主要是给前置放大电路提供一个稳定的 12V 直流电。具体电源电路略。

前置放大电路主要由一级共射放大电路组成，可以完成输入信号的电压放大，另外还由一级射极输出器组成，主要起缓冲作用，提高电路带负载的能力。

音调控制电路主要由 MC4558 的低噪声双运算放大集成运放电路构成，分低音控制电路和高音控制电路两部分。

功率放大电路由 TDA2030 集成功率放大器构成 OCL 功率放大电路，无输出耦合电容，双电源供电。

（4）统观整体。根据电路之间信号的联系，语音放大电路的组成框图如图 2 - 62 所示。

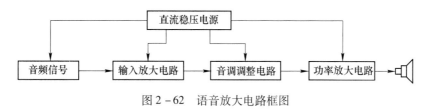

图 2 - 62　语音放大电路框图

2.7.3　知识拓展

2.7.3.1　语音放大电路的安装与调试

分析完语音放大器的电路后，可以利用 Protel99 软件来设计语音放大器的印制电路板，并借助雕刻机完成电路板的制作，最后在电路板上完成元件的安装与调试。调试时要注意采用分级调试，即先分调后总调的原则，具体如下：

（1）调试前的目测法。

1）检查连线是否正确，有无错连或漏连。

2）检查元件安装是否有短路、虚焊的现象。

3）检查电源是否对地短路。

（2）通电检查。调好所需电压，在确定电源输出无短路的情况下，接通电源，观察是否有冒烟、放电、元件发烫或散发异常气味，如存在上述情况应立即断电，排除故障后再次通电，直到无异常现象，便可借助于相关仪器设备测量电压或波形。

（3）静态调试。在不加输入信号的情况下，利用万用表测量各点的电压或电流是否正常，如不正常应及时调整电路相关参数，使电路处于最佳静态工作状态。对于静态工作点主要可以调节 R_2 来实现。

（4）动态调试。静态工作点正常后，加上输入信号，按照信号传递的方向，逐级检测各部分的输出信号，以便观测电路是否达到技术要求，其指标必须达到：

1）失真度小于 1%。

2）频率特性在 1kHz 的基准频率上 20Hz ~ 20kHz 范围内输出电压衰减小于 3dB。

2.7.3.2　语音放大电路常见故障及原因

语音放大电路常见故障及原因见表 2 - 3。

表 2 - 3 语音放大电路常见故障及原因

故 障 现 象	原　　因
无输出	(1) 直流电源未加上; (2) 电路中有断路情况
声音小	(1) 耦合电容开路; (2) 三极管损坏或性能变差
声音失真大	(1) 三极管性能差; (2) 静态工作点不正常

习　题

2 - 1　填空题。

(1) 根据三极管放大电路的输入回路与输出回路公共端的不同,三极管放大电路可分为_____、_____、_____三种。

(2) 三极管的特性曲线主要有_____曲线和_____曲线两种。

(3) 共发射极放大电路电压放大倍数是_____与_____的比值。

(4) 三极管的电流放大原理是_____电流的微小变化控制_____电流的较大变化。

(5) 温度升高对三极管各种参数的影响,最终将导致 I_C _____,静态工作点_____。

(6) 画放大器交流通路时,_____和_____应作短路处理。

(7) 串联负反馈电路能够_____输入阻抗,电流负反馈能够使输出阻抗_____。

(8) 放大电路中引入电压并联负反馈,可_____输入电阻,_____输出电阻。

(9) 常见的功率放大电路从功放管的工作状态分有_____、_____、_____几种类型。

2 - 2　简答、计算与实践题。

(1) 放大电路存在哪两类非线性失真现象?

(2) 负反馈放大器对放大电路有什么影响?

(3) 已知某放大电路的输出电阻为 3.3kΩ,输出端的开路电压的有效值 $U_o = 2V$,试问该放大电路接有负载电阻 $R_L = 5.1kΩ$ 时,输出电压将下降到多少?

(4) 某人检修电子设备时,用测电位的办法,测出管脚①对地电位为 -6.2V,管脚②对地电位为 -6V,管脚③对地电位为 -9V,如图 2 - 63 所示,试判断各管脚所属电极及管子类型(PNP 或 NPN)。

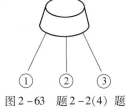

图 2 - 63　题 2 - 2(4) 题

(5) 实验时,用示波器测得由 NPN 管组成的共射放大电路的输出波形如图 2 - 64 所示,1) 说明它们各属于什么性质的失真(饱和、截止)? 2) 怎样调节电路参数才能消除失真?

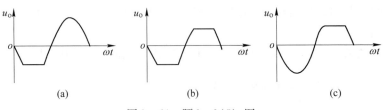

(a)　　　　　　　　　　(b)　　　　　　　　　　(c)

图 2 - 64　题 2 - 2(5) 图

（6）电路如图 2 - 65 所示，已知 $\beta = 80$，$r_{be} = 1k\Omega$。1）估算静态工作点。2）画微变等效电路，求 R_i、R_o、A_u。

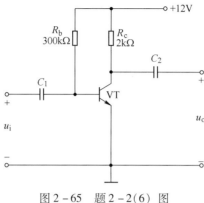

图 2 - 65　题 2 - 2(6) 图

（7）电路如图 2 - 66 所示，已知 $\beta = 100$，$R_1 = 60k\Omega$，$R_2 = 20k\Omega$，$R_3 = 3k\Omega$，$R_4 = 1.5k\Omega$，$R_5 = 5k\Omega$，$r_{be} = 1k\Omega$，$V_{CC} = 15V$。1）估算静态工作点。2）画微变等效电路，求 A_u、R_i、R_o。

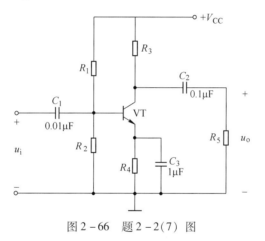

图 2 - 66　题 2 - 2(7) 图

（8）判断如图 2 - 67 所示电路中的负反馈类型，并计算输出电压 u_o。已知 $u_i = 2V$，$R_1 = 15k\Omega$，$R_2 = 20k\Omega$，$R_3 = 30k\Omega$，$R_f = 60k\Omega$。

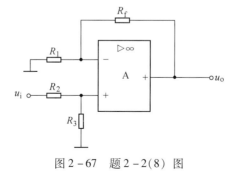

图 2 - 67　题 2 - 2(8) 图

（9）要使晶体管工作在放大状态，它的两个 PN 结应如何偏置？基本共射放大电路如果发生截止失真，应如何调整电路中各元件参数？

（10）理想运放有哪些特点？为什么在分析运放电路时，通常将运放看成理想的运放？

（11）设计一个能实现下述运算功能的电路（画出电路图，并标明元件数值）。

$$u_o = 2u_{i1} - 4u_{i2} + 2u_{i3}, \quad R_f = 100\text{k}\Omega$$

（12）如图 2 – 68 所示电路中，$R_f = 3R_1$，求输出电压 u_o。

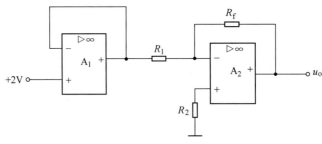

图 2 – 68　题 2 – 2(12) 题

情境 3　常用组合逻辑电路安装与调试

数字电路根据逻辑功能的不同特点，可以分成组合逻辑电路（简称组合电路）和时序逻辑电路（简称时序电路）两大类。组合逻辑电路在逻辑功能上的特点是任意时刻的输出仅仅取决于该时刻的输入，与电路原来的状态无关。而时序逻辑电路在逻辑功能上的特点是任意时刻的输出不仅取决于当时的输入信号，而且还取决于电路原来的状态，或者说还与以前的输入有关。

本学习情境只讲解逻辑代数及组合逻辑电路方面的相关知识，此情境的知识是学习整个数字电路的基础，包含逻辑代数及其化简、基本逻辑门电路、组合逻辑电路的分析和设计以及动手实训常用组合逻辑电路安装与调试几方面的知识。

任务 3.1　逻辑代数及其化简

【知识目标】

（1）掌握逻辑代数中的基本公式、基本定理和基本定律。
（2）掌握逻辑函数的真值表、表达式、卡诺图表示方法及其相互转换。
（3）了解最小项和最大项概念。
（4）掌握逻辑函数公式化简法和卡诺图化简法。

【能力目标】

（1）会根据要求选择集成逻辑门电路。
（2）了解实验室常用的集成逻辑门电路，知道集成逻辑门电路使用常识。

3.1.1　任务描述与分析

本任务通过学习逻辑代数的相关知识，熟悉逻辑代数运算的基本规律，利用逻辑代数的公式化简和卡诺图化简的一般规律，逐步掌握逻辑代数的化简能力，为今后的数字电路学习打下良好的基础。

3.1.2　相关知识

3.1.2.1　三种基本运算

（1）与运算（逻辑乘）。与运算的表达式为：

$$P = A \cdot B$$

其逻辑图符号如图 3-1 所示，真值表见表 3-1。

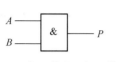

图 3 - 1　与运算的逻辑图符号

表 3 - 1　与运算的真值表

A	B	P
0	0	0
0	1	0
1	0	0
1	1	1

（2）或运算（逻辑加）。或运算的表达式为：

$$P = A + B$$

其逻辑图符号如图 3 - 2 所示，真值表见表 3 - 2。

表 3 - 2　或运算的真值表

A	B	P
0	0	0
0	1	1
1	0	1
1	1	1

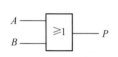

图 3 - 2　或运算的逻辑图符号

（3）非运算（逻辑非）。非运算的表达式为：

$$P = \overline{A}$$

其逻辑图符号如图 3 - 3 所示，真值表见表 3 - 3。

表 3 - 3　非运算真值表

A	P
0	1
1	0

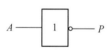

图 3 - 3　非运算的逻辑图符号

3.1.2.2　复合运算

（1）与非运算。与非运算是与运算和非运算的组合，先进行与运算，再进行非运算。其表达式为：

$$P = \overline{A \cdot B}$$

其逻辑图符号如图 3 - 4 所示。

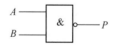

图 3 - 4　与非运算的逻辑图符号

（2）或非运算。或非运算是或运算和非运算的组合，先进行或运算，再进行非运算。其表达式为：

$$P = \overline{A + B}$$

其逻辑图符号如图 3 - 5 所示。

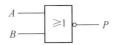

图 3 - 5　或非运算的逻辑图符号

（3）与或非运算。与或非运算是与运算、或运算和非运算的组合，先进行与运算，再进行或运算，最后进行非运算。其表达式为：

$$P = \overline{AB + CD}$$

其逻辑图符号如图 3 - 6 所示。

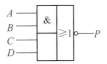

图 3 - 6　与或非运算的逻辑图符号

（4）同或运算。同或逻辑是这样一种逻辑关系，当 A、B 相同时，输出 P 为 1；当 A、B 不相同时，输出 P 为 0。其表达式为：

$$P = A \odot B = \overline{A}\,\overline{B} + AB$$

其逻辑图符号如图 3 - 7 所示，真值表见表 3 - 4。

表 3 - 4　同或运算的真值表

A	B	P
0	0	1
0	1	0
1	0	0
1	1	1

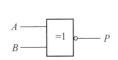

图 3 - 7　同或运算的逻辑图符号

（5）异或运算。异或逻辑与同或逻辑相反，当 A、B 不相同时，输出 P 为 1；当 A、B 相同时，输出 P 为 0。其表达式为：

$$P = A \oplus B = \overline{A}B + A\overline{B}$$

其逻辑图符号如图 3 - 8 所示，真值表见表 3 - 5。

表 3 - 5　异或运算真值表

A	B	P
0	0	0
0	1	1
1	0	1
1	1	0

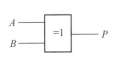

图 3 - 8　异或运算的逻辑图符号

3.1.2.3　逻辑代数运算的基本规律

表 3 - 6 列出了逻辑代数的基本公式和基本规律。

表 3 - 6　逻辑代数的基本公式和基本规律

序号	公　式	序号	公　式	说　明
1	$A + 0 = A$	1′	$A \cdot 1 = A$	变量与常量
2	$A + 1 = 1$	2′	$A \cdot 0 = 0$	之间的关系
3	$A + \overline{A} = 1$	3′	$A \cdot \overline{A} = 0$	互补律
4	$A + A = A$	4′	$A \cdot A = A$	重叠律
5	$A + B = B + A$	5′	$A \cdot B = B \cdot A$	交换律
6	$A + B + C = (A + B) + C$	6′	$A \cdot B \cdot C = (A \cdot B)C$	结合律
7	$A + BC = (A + B) \cdot (A + C)$	7′	$A(B + C) = AB + AC$	分配律
8	$\overline{A + B} = \overline{A} \cdot \overline{B}$	8′	$\overline{A \cdot B} = \overline{A} + \overline{B}$	反演律
9	$\overline{\overline{A}} = A$			还原律

表 3 - 7 列出了逻辑代数的常用公式。

表 3 - 7　逻辑代数的常用公式

序号	公　式	序号	公　式
1	$AB + A\overline{B} = A$	1′	$(A + B)(A + \overline{B}) = A$
2	$A + AB = A$	2′	$A(A + B) = A$
3	$A + \overline{A}B = A + B$	3′	$A(\overline{A} + B) = AB$
4	$AB + \overline{A}C + BCD + \cdots = AB + \overline{A}C$	4′	$(A + B)(\overline{A} + C)(B + C + D + \cdots)$ $= (A + B)(\overline{A} + C)$
5	$AB + \overline{A}C = (A + C)(\overline{A} + B)$	5′	$(A + B)(\overline{A} + C) = AC + \overline{A}B$

以上基本公式也称布尔恒等式，其正确性均可用真值表证明。对于异或、同或逻辑运算也有相类似的基本运算公式，见表 3 - 8。

表 3 - 8　异或和同或逻辑运算的基本公式和基本规律

序号	公　式	序号	公　式	说　明
1	$A \odot 0 = \overline{A}$	1′	$A \oplus 1 = \overline{A}$	变量与常量
2	$A \odot 1 = A$	2′	$A \oplus 0 = A$	之间的关系
3	$A \odot \overline{A} = 0$	3′	$A \oplus \overline{A} = 1$	互补律
4	$A \odot A = 1$	4′	$A \oplus A = 0$	重叠律
5	若 $A \odot B = C$，则 $A \odot C = B$，$C \odot B = A$	5′	若 $A \oplus B = C$，则 $A \oplus C = B$，$C \oplus B = A$	调换律

必须说明的是，调换律是同或、异或的特殊规律，它说明等式两边的变量是可以调换的。

利用调换律可以证明：

$$A \cdot B = A \odot B \odot (A + B)$$
$$A + B = A \oplus B \oplus (A \cdot B)$$
$$A + B = A \odot B \odot (A \cdot B)$$
$$A \cdot B = A \oplus B \oplus (A + B)$$

【例 3 - 1】证明：$A \cdot B = A \odot B \odot (A + B)$ 成立。

右式 $= A \odot B \odot (A + B)$

$\quad = (A \odot B)(A + B) + \overline{A \odot B} \cdot \overline{A + B}$

$\quad = A(A \odot B) + B(A \odot B) + (A \odot B)\overline{A} \, \overline{B}$

$\quad = A \odot AB + AB \odot B + 0$

$\quad = A(1 \odot B) + B(A \odot 1)$

$\quad = AB = $ 左式

对于同或和异或函数，非运算也可以调换，即

$$A \odot \overline{B} = \overline{A} \odot B = \overline{A \odot \overline{B}} = A \oplus B$$

$$A \oplus \overline{B} = \overline{A} \oplus B = \overline{A \oplus B} = A \odot B$$

根据同或和异或重叠律可以推广为：

（1）奇数个 A 重叠同或运算得 A，偶数个 A 重叠同或运算得 1。

（2）奇数个 A 重叠异或运算得 A，偶数个 A 重叠异或运算得 0。

3.1.2.4　逻辑代数的三个规则

（1）代入规则。任何一个含有变量 A 的等式，如果将所有出现变量 A 的地方都代之以一个逻辑函数 F，则等式仍然成立。

利用代入规则可以扩大逻辑代数等式的应用范围。

（2）反演规则。对于任意一个逻辑函数表达式 F，如果将 F 中所有的"·"换为"+"，所有的"+"换为"·"，所有的 0 换为 1，所有的 1 换为 0，所有的原变量换为反变量，所有的反变量换为原变量，则得到一个新的函数式为 $\overline{F}$。$\overline{F}$ 为原函数 F 的反函数，它是反演律的推广。

利用反演规则可以很方便地求出反函数。

【例 3 - 2】求逻辑函数 $F = A + B + \overline{C + D(\overline{X} + \overline{Y})}$ 的反函数。

解：（1）根据反演规则有：

$$\overline{F} = \overline{A} \cdot \overline{B} \cdot \overline{\overline{C} \cdot \overline{D}} + X \cdot Y$$

（2）如果将 $\overline{A + B + \overline{C} + D}$ 作为一个整体，则

$$\overline{F} = A + B + \overline{\overline{C} + D} + X \cdot Y$$

（3）如果将 $\overline{C + D}$ 作为一个变量，则

$$\overline{F} = \overline{A} \cdot \overline{B} \cdot (\overline{C} + \overline{D}) + X \cdot Y$$

以上三式等效，但繁简程度不同。

（3）对偶规则。对于任意一个逻辑函数表达式 F，如果将 F 中所有的"·"换为"+"，所有的"+"换为"·"，所有的 0 换为 1，所有的 1 换为 0，则得到一个新的函数表达式 F^*，F^* 称为 F 的对偶式。

在证明或化简逻辑函数时，有时通过对偶式来证明或化简更方便。

逻辑代数中逻辑运算优先次序是"先括号，然后乘，最后加"。在以上三个规则应用时，都必须注意与原函数的运算顺序不变。

3.1.2.5　逻辑函数及其描述方法

如果以逻辑变量作为输入，以运算结果作为输出，则输出与输入之间是一种函数关

系，这种函数关系称为逻辑函数。任何一个具体的因果关系都可以用逻辑函数来描述它的逻辑功能。

逻辑函数的描述方法有真值表、函数表达式、卡诺图、逻辑图及硬件描述语言。有关卡诺图及硬件描述语言将在后面叙述。

（1）真值表。求出逻辑函数输入变量的所有取值下所对应的输出值，并列成表格，称为真值表。

【例 3 - 3】 有 a、b、c 三个输入信号，只有当 a 为 1，且 b、c 至少有一个为 1 时输出为 1，其余情况输出为 0。

解： a、b、c 三个输入信号共有 8 种可能，见表 3 - 9 左边所列。对应每一个输入信号的组合均有一个确定输出，见表 3 - 9 右边所列。则表 3 - 9 即为本例所述问题的真值表。

表 3 - 9　例 3 - 3 的真值表

a	b	c	F	a	b	c	F
0	0	0	0	1	0	0	0
0	0	1	0	1	0	1	1
0	1	0	0	1	1	0	1
0	1	1	0	1	1	1	1

（2）逻辑函数表达式。将输出和输入之间的关系写成与、或、非运算的组合式就得到逻辑函数表达式。

根据例 3 - 3 中的要求及与、或逻辑的基本定义，"b、c 中至少有一个为 1" 可以表示为或逻辑关系 ($b + c$)，同时还要 "a 为 1"，可以表示为与逻辑关系，写成 $a(b + c)$。因此可以得到例 3 - 3 的逻辑函数表达式为：

$$F = a(b + c)$$

（3）逻辑图。将逻辑函数表达式中各变量之间的与、或、非等逻辑关系用逻辑图形符号表示，即得到表示函数关系的逻辑图。

例 3 - 3 的逻辑图如图 3 - 9 所示。

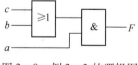

图 3 - 9　例 3 - 3 的逻辑图

（4）各种描述方法之间的相互转换。

1）由真值表写出逻辑函数表达式，一般方法为：

①由真值表中找出使逻辑函数输出为 1 的对应输入变量取值组合。

②每个输入变量取值组合状态以逻辑乘形式表示，用原变量表示变量取值 1，用反变量表示变量取值 0。

③将所有使输出为 1 的输入变量取值逻辑乘进行逻辑加，即得到逻辑函数表达式。

【例 3 - 4】 由表 3 - 10 写出逻辑函数表达式。

解： 由表 3 - 10 可见，使 $F = 1$ 的输入组合有 abc 为 000、001、010、100 和 111，对应的逻辑乘为 $\bar{a}\,\bar{b}\,\bar{c}$、$\bar{a}\,\bar{b}c$、$\bar{a}b\,\bar{c}$、$a\,\bar{b}\,\bar{c}$ 和 abc，所以逻辑函数表达式为：

$$F = \bar{a}\,\bar{b}\,\bar{c} + \bar{a}\,\bar{b}c + \bar{a}b\,\bar{c} + a\bar{b}\,\bar{c} + abc$$

表 3 – 10 例 3 – 4 的真值表

a	b	c	F	a	b	c	F
0	0	0	1	1	0	0	1
0	0	1	1	1	0	1	0
0	1	0	1	1	1	0	0
0	1	1	0	1	1	1	1

2）由逻辑函数表达式列真值表。将输入变量取值的所有状态组合逐一列出，并将输入变量组合取值代入表达式，求出函数值，列成表，即为真值表。

3）由逻辑函数表达式画逻辑图。用逻辑图符号代替函数表达式中的运算符号，即可画出逻辑图。

【例 3 – 5】已知逻辑函数表达式为 $F = \overline{\overline{A \, AB} \cdot \overline{B \, AB}}$，试画出相应逻辑图。

解：用与、或、非等逻辑图符号代替表达式中的运算符号，按运算的优先顺序连接起来，如图 3 – 10 所示。

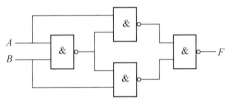

图 3 – 10 例 3 – 5 的逻辑图

4）由逻辑图写逻辑函数表达式。从输入端开始逐级写出每个逻辑图形符号对应的逻辑运算，直至输出，就可以得到逻辑函数表达式。

3.1.2.6 逻辑函数的标准形式

逻辑函数的标准形式有最小项表达式（标准与 – 或式）和最大项表达式（标准或 – 与式）。

A 最小项表达式

在一个逻辑函数的与 – 或表达式中，每一个乘积项（与项）都包含了全部输入变量，每个输入变量或以原变量形式，或以反变量形式在乘积项中出现，并且仅仅出现一次，这样的函数表达式称为标准与 – 或式。由于包含全部输入变量的乘积项称为最小项，所以全部由最小项逻辑加构成的与 – 或表达式又称为最小项表达式。

a 最小项的性质

由于最小项包含了全部输入变量，且每个输入变量均以原变量或反变量形式出现一次，所以有以下性质：

（1）在输入变量的任何取值下必有一个最小项，而且只有一个最小项的值为 1。

（2）全部最小项之和为 1。

（3）任意两个最小项的乘积为 0。

b 最小项编号

假设一个 3 变量函数，ABC 为其最小项，只有当 $A = 1$，$B = 0$，$C = 1$ 时才会使最小项 $A\overline{B}C = 1$，如果将 ABC 取值 101 看作 2 进制数，那么它所表示的 10 进制数为 5，为了以后书写及使用方便，记作 $m5$。据此，可以得到 3 变量最小项编号表，见表 3 – 11。

表 3 – 11　3 变量最小项和最大项

ABC	对应的最小项及编号		对应的最大项及编号	
000	$\overline{A}\,\overline{B}\,\overline{C}$	$m0$	$A + B + C$	$M0$
001	$\overline{A}\,\overline{B}\,C$	$m1$	$A + B + \overline{C}$	$M1$
010	$\overline{A}\,B\,\overline{C}$	$m2$	$A + \overline{B} + C$	$M2$
011	$\overline{A}\,B\,C$	$m3$	$A + \overline{B} + \overline{C}$	$M3$
100	$A\,\overline{B}\,\overline{C}$	$m4$	$\overline{A} + B + C$	$M4$
101	$A\,\overline{B}\,C$	$m5$	$\overline{A} + B + \overline{C}$	$M5$
110	$A\,B\,\overline{C}$	$m6$	$\overline{A} + \overline{B} + C$	$M6$
111	$A\,B\,C$	$m7$	$\overline{A} + \overline{B} + \overline{C}$	$M7$

c　最小项表达式的确定

（1）由真值表写出的逻辑函数表达式为最小项表达式，因此对一个任意的逻辑函数表达式可以先转换成真值表，再写出最小项表达式。

【例 3 – 6】将 $F = A\overline{B} + B\overline{C}$ 转换成最小项表达式。

解：$F = AB + BC$ 的真值表见表 3 – 12。

表 3 – 12　例 3 – 6 真值表

A	B	C	F	A	B	C	F
0	0	0	0	1	0	0	1
0	0	1	0	1	0	1	1
0	1	0	1	1	1	0	1
0	1	1	0	1	1	1	0

$$F = \overline{A}B\overline{C} + A\overline{B}\,\overline{C} + A\overline{B}C + AB\overline{C} = \sum m(2,\,4,\,5,\,6)$$

（2）利用 $A = A(B + \overline{B})$ 把非标准与 – 或式中每一个乘积项所缺变量补齐，展开成最小项表达式。

如例 3 – 6 中，F 是包含 A、B、C 3 变量的函数，则

$$F = A\overline{B} + B\overline{C} = A\overline{B}\,\overline{C} + A\overline{B}C + \overline{A}B\overline{C} + AB\overline{C} = \sum m(4,5,2,6) = \sum m(2,4,5,6)$$

B　最大项表达式

a　最大项的性质

最大项是指这样的和项，它包含了全部变量，每个变量以原变量或反变量的形式出现，且仅仅出现一次，因此：

（1）在输入变量的任何取值下，必有一个最大项，而且只有一个最大项的值为 0。

（2）全体最大项之积为 0。

（3）任意两个最大项之和为 1。

b　最大项编号

最大项编号见表 3 – 11 最右列。全部由最大项组成的逻辑表达式为标准或 – 与表达式，又称为最大项表达式。

c　最大项表达式

（1）由真值表可以直接写出最大项表达式。将真值表中输出为 0 的一组输入变量组合状态（用原变量表示变量取值 0，用反变量表示变量取值 1）用逻辑加形式表示，再将所有的逻辑加进行逻辑乘，就得到标准或 – 与表达式。对于任意一个函数表达式均可先列真值表，再写出标准或 – 与式（最大项表达式）。

（2）利用 $A = A(B + \overline{B})$，将每个和项所缺变量补齐，展开成最大项表达式。

C　最小项表达式与最大项表达式的关系

如果有一个函数的最小项表达式为：

$$F = \sum_i m_i$$

则其最大项表达式为：

$$F = \prod_j M_j$$

式中，$j \neq i$，j 为 2^n 个编号中除去 i 以外的号码。

如例 3 – 6 中，

$$F = \sum m(2,4,5,6) = \prod M(0,1,3,7)$$

3.1.2.7　逻辑函数公式法化简

化简就是使逻辑函数中所包含的乘积项最少，而且每个乘积项所包含的变量因子最少，从而得到逻辑函数的最简与 – 或逻辑表达式。

逻辑函数化简通常有两种方法：一是公式化简法，又称代数法，利用逻辑代数公式进行化简，它可以化简任意逻辑函数，但取决于经验、技巧、洞察力和对公式的熟练程度；二是卡诺图法，又称图解法，卡诺图化简比较直观、方便，但对于 5 变量以上的逻辑函数就失去直观性。

公式法化简常用以下四种方法：

（1）合并法。常用公式 $AB + A\overline{B} = A$，两项合并为一项。

（2）吸收法。常用公式 $A + AB = A$ 及 $AB + AC + BCD + \cdots = AB + AC$，消去多余项。

（3）消去法。常用公式 $A + \overline{A}B = A + B$，消去多余因子。

（4）配项法。常用公式 $A + \overline{A} = 1$，将某乘积项乘以 $A + \overline{A}$，一项展开成两项，或利用公式 $AB + \overline{A}C + BCD \cdots = AB + \overline{A}C$，配 BCD 项。配项的目的是为了和其他乘积项合并，以达到最简的目的。

【例 3 – 7】 化简函数 $F = \overline{(A + B + \overline{A} + C)} \cdot \overline{(B \oplus C)(A \oplus B)}$。

解：

$$
\begin{aligned}
F &= \overline{(A + B + \overline{A} + C)} \cdot \overline{(B \oplus C)(A \oplus B)} \\
&= (A + B)(\overline{A} + C) + (B \oplus C)(A \oplus B) &\text{（反演律）} \\
&= A + BC + (\overline{B}C + B\overline{C})(\overline{A}B + A\overline{B}) &\text{（分配律、异或运算）} \\
&= \underline{A} + BC + \underline{\overline{A}B\overline{C}} + \underline{A\overline{B}C} &\text{（吸收、消去）}
\end{aligned}
$$

$$= A + BC + B\overline{C}$$
$$= A + B \qquad\qquad （合并）$$

【例3 - 8】 化简函数 $F = (A + B)(A + B)(B + C)(A + C)$。

解： 求 F 的对偶式：

$$F^* = A\overline{B} + \overline{A}B + BC + \overline{A}C$$
$$= A\overline{B} + \overline{A}B + BC + \overline{A}C + AC \qquad （配项）$$
$$= A\overline{B} + \overline{A}B + BC + C \qquad\qquad （合并）$$
$$= A\overline{B} + \overline{A}B + C \qquad\qquad\quad （吸收）$$

再求 F^* 的对偶式：

$$F = (A + \overline{B})(\overline{A} + B)C$$

【例3 - 9】 化简函数 $F = (A + \overline{AB} + \overline{B} + CD + \overline{B}\,\overline{\overline{AD}})[A(\overline{AC} + BD) + B(C + DE) + B\overline{C}]$。

解：

$$F = (A + \overline{\overline{AB} + \overline{B}} + CD + \overline{B}\,\overline{\overline{AD}})[A(\overline{AC} + BD) + B(C + DE) + B\overline{C}]$$
$$= (A + \overline{AB} \cdot B \cdot \overline{CD} + \overline{B} + AD)(ABD + BC + BDE + B\overline{C}) \qquad （反演律、分配律）$$
$$= (A + \overline{AB} \cdot \overline{CD} + \overline{B})(ABD + BDE + B) \qquad\qquad （合并、吸收）$$
$$= [A + (\overline{A} + \overline{B})(\overline{C} + \overline{D}) + \overline{B}] \cdot B \qquad\qquad\quad （吸收、反演）$$
$$= (A + \overline{A}\,\overline{C} + \overline{A}\,\overline{D} + \overline{B}\,\overline{C} + \overline{B}\,\overline{D} + \overline{B})B \qquad\quad （分配律）$$
$$= (A + \overline{C} + \overline{D} + \overline{B})B \qquad\qquad\qquad\qquad （吸收）$$
$$= AB + B\overline{C} + B\overline{D}$$

3.1.3　知识拓展

3.1.3.1　用卡诺图表示逻辑函数的方法

所谓卡诺图就是将 n 变量的全部最小项各用一个小方格表示，最小项按循环码（即相邻两组之间只有一个变量取值不同的编码）规则排列组成的方格图。图3 - 11(a)、(b) 所示分别为3变量函数和4变量函数的卡诺图。

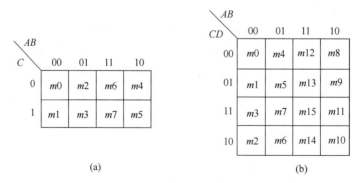

图3 - 11　3变量函数和4变量函数的卡诺图

n 变量的卡诺图可以表示 n 变量的逻辑函数。若 $F = \sum\limits_{i=0}^{2^n-1} a_i m_i$，则在卡诺图对应的 m_i 最小项的方格中填1，其余填0。

3.1.3.2　卡诺图合并最小项规律

将 2^i 个相邻的 1 格进行合并（卡诺图中加圈表示），合并成一项，该乘积项由（$n-i$）个变量组成。

3.1.3.3　卡诺图化简的基本步骤

用卡诺图化简逻辑函数时，一般按如下步骤进行：

（1）作出描述逻辑函数的卡诺图。

（2）圈出没有相邻的 1 格。

（3）找出只有一种合并可能的 1 格，从它出发，把含有 2^i 个相邻 1 格圈在一起，构成一个合并乘积项。

（4）余下没有被包含的 1 格有两种或两种以上合并可能，选择既能包含全部 1 格又使圈数最少的合并方法，使卡诺图中全部 1 格均被覆盖。

【例 3 - 10】用卡诺图化简 $Y_1 = \overline{A}\,\overline{B}\,\overline{C} + \overline{A}\,\overline{B}C + \overline{A}B\overline{C} + A\overline{B}\,\overline{C}$。

解：卡诺图如图 3 - 12 所示。

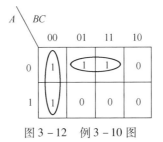

图 3 - 12　例 3 - 10 图

则有：

$$Y_1 = \overline{A}\,\overline{C} + \overline{B}\,\overline{C}$$

【例 3 - 11】用卡诺图化简逻辑函数 $L(A,B,C,D) = \sum m(0 \sim 3,5 \sim 11,13 \sim 15)$。

解：（1）由 L 画出卡诺图，如图 3 - 13（a）所示。

（2）用包围 1 的方法化简，如图 3 - 13（b）所示，得：

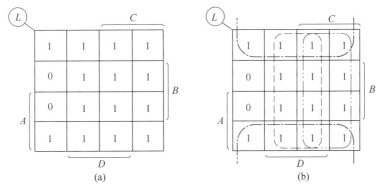

（a）　　　　　　　　（b）

图 3 - 13　例 3 - 11 图

所以有：

$$L = \overline{B} + C + D$$

任务 3.2　常用逻辑门电路功能测试

【知识目标】

(1) 会对逻辑函数进行化简。

(2) 掌握与门、或门、非门、与非门、或非门、与或非门等常用逻辑门的功能。

【能力目标】

(1) 会正确使用相应的仪器设备。

(2) 会对集成元件的好坏进行测试、判断。

3.2.1　任务描述与分析

实现基本常用逻辑运算的电子电路，称为逻辑门电路。逻辑门电路是构成数字电路的基本单元，是组成各种复杂电路的基础。各种逻辑门电路中的二极管和三极管都工作在开关状态，因此，本任务较为详尽地介绍了分立元件与门、或门、非门及与非门、或非门的工作原理、逻辑符号以及逻辑功能等。

3.2.2　相关知识

常用的逻辑门电路有与门电路、或门电路、非门电路、与非门电路、或非门电路、与或非门电路、异或门电路、同或门电路等。

(1) 与门电路。图 3 – 14(a) 所示为二输入端的与门电路，图 3 – 14(b) 为其逻辑符号。设输入高电平 $U_{IH} = 3V$，低电平 $U_{IL} = 0V$，二极管的正向压降 $U_D = 0.7V$，现在分析它的逻辑功能。

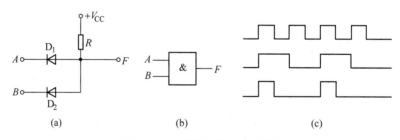

图 3 – 14　二极管与门的工作原理

(a) 电路图；(b) 逻辑符号；(c) 工作波形

当输入 $A = B = 0V$ 时，二极管 D_1 和 D_2 都导通，输出 $F = 0.7V$。

当输入 $A = 0V$、$B = 3V$ 时，D_1 先导通，输出 $F = 0.7V$，D_2 反偏截止；同样的，当输入 $A = 3V$、$B = 0V$ 时，输出 $F = 0.7V$。

当输入 $A = B = 3V$ 时，二极管 D_1 和 D_2 导通，输出 $F = 3.7V$，为高电平。

上述输入与输出之间的逻辑电平的关系，可用表 3 – 13 来表示，可以看出：当输入 A、B 中有低电平时，输出 F 为低电平；只有当输入 A、B 都为高电平时，输出 F 才为高电平。

若高电平用逻辑 1 表示，低电平用逻辑 0 表示时，则表 3 – 13 可写成表 3 – 14 的真值表。其中，A、B 为输入变量，F 为逻辑函数。

表 3 – 13　与门输入和输出的逻辑电平

输　　入		输出
A/V	B/V	F/V
0	0	0.7
0	3	0.7
3	0	0.7
3	3	3.7

表 3 – 14　与门的真值表

输　　入		输出
A	B	F
0	0	0
0	1	0
1	0	0
1	1	1

所以，与门的输出逻辑表达式为：

$$F = A \cdot B$$

与门电路的输入和输出波形如图 3 – 14(c) 所示。与门用以实现与运算。

（2）或门电路。图 3 – 15(a) 所示为二输入端的或门电路，图 3 – 15(b) 为其逻辑符号。当输入 A、B 中有一个为高电平 3V 时，输出 F 便为高电平 2.3V；只有当输入 A、B 都为低电平 0V 时，输出 F 才为 0。因此，或门电路输入与输出间的逻辑电平关系见表 3 – 15，其真值表见表 3 – 16。

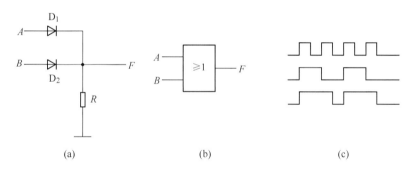

图 3 – 15　二极管或门的工作原理

（a）电路图；（b）逻辑符号；（c）工作波形

表 3 – 15　或门输入和输出的逻辑电平

输　　入		输出
A/V	B/V	F/V
0	0	0
0	3	2.3
3	0	2.3
3	3	2.3

表 3 – 16　或门的真值表

输　　入		输出
A	B	F
0	0	0
0	1	1
1	0	1
1	1	1

由此表可知：当输入 A、B 中有高电平 1 时，输出 F 便为高电平 1；只有当输入 A、B 都为低电平时，输出 F 才为低电平 0。因此，或门的输出逻辑表达式为：

$$F = A + B$$

或门电路的输入和输出波形如图 3 - 15(c) 所示。或门用以实现或运算。

（3）非门电路。图 3 - 16(a) 所示为非门电路，图 3 - 16(b) 为其逻辑符号。由图 3 - 16(a) 可知：当输入 A 为低电平 0 时，基极与发射极的电压 $U_{be} < 0V$，三极管 V 截止，输出 F 为高电平 1；当输入 A 为高电平 1 时，适当选择 R_1 和 R_2，使三极管工作在饱和状态，输出 F 为低电平 0。

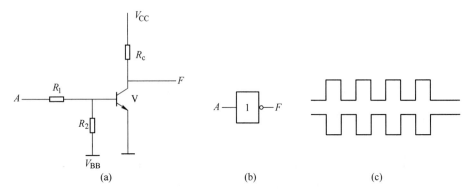

图 3 - 16　三极管非门的工作原理
（a）电路图；（b）逻辑符号；（c）工作波形

非门电路的真值表见表 3 - 17。

非门的输出逻辑表达式为：

$$F = \overline{A}$$

非门由于其输出信号和输入反相，故又称为反相器。非门电路的输入和输出波形如图 3 - 16(c) 所示。非门用以实现非运算。

表 3 - 17　非门的真值表

输　入	输出
A	F
0	1
1	0

在实际应用中，利用与门、或门和非门之间的不同组合可构成复合门电路，完成复合逻辑运算。常见的复合门电路有与非门、或非门、与或非门、异或门和同或门电路。

（4）与非门电路。与非运算是与运算和非运算的组合，先进行与运算，再进行非运算。其表达式为：

$$F = \overline{A \cdot B}$$

与非门电路的逻辑符号如图 3 - 17 所示。

与非门的逻辑功能是，仅当所有的输入端是高电平时，输出端才为低电平；只要输入端有低电平，输出必为高电平，见表 3 - 18。

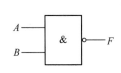

图 3 - 17　与非门的逻辑符号

表 3 - 18　与非门的真值表

输　入		输出
A	B	F
0	0	1
0	1	1
1	0	1
1	1	0

（5）或非门电路。或非门电路相当于一个或门和一个非门的组合，其表达式为：

$$F = \overline{A + B}$$

或非门电路的逻辑符号如图 3-18 所示。

或非门的逻辑功能是，仅当所有的输入端是低电平时，输出端才是高电平；只要输入端有高电平，输出必为低电平，见表 3-19。

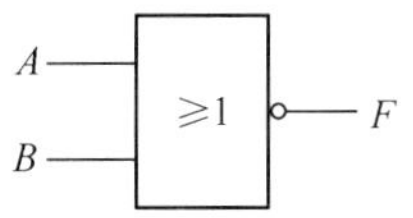

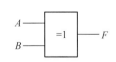

图 3-18　或非门的逻辑符号

表 3-19　或非门的真值表

输　入		输出
A	B	F
0	0	1
0	1	0
1	0	0
1	1	0

（6）与或非门电路。与或非门电路相当于两个与门、一个或门和一个非门的组合，其表达式为：

$$F = \overline{AB + CD}$$

与或非门电路的逻辑符号如图 3-19 所示。

与或非门的功能是将两个与门的输出或起来后变反输出。与或非门电路也可以由多个与门和一个或门、一个非门组合而成，从而具有更强的逻辑运算功能。

以上三种复合门电路都允许有两个以上的输入端。

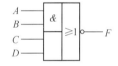

图 3-19　与或非门的逻辑符号

（7）异或门电路。异或门电路可以完成逻辑异或运算，运算符号用"⊕"表示。异或运算逻辑表达式为：

$$F = A \oplus B = \overline{A}B + A\overline{B}$$

异或运算的规则如下：

$$0 \oplus 0 = 0 \qquad 0 \oplus 1 = 1$$
$$1 \oplus 0 = 1 \qquad 1 \oplus 1 = 0$$

异或门电路的逻辑符号如图 3-20 所示。

异或运算的规则是：当两个变量取值相同时，运算结果为 0；当两个变量取值不同时，运算结果为 1，见表 3-20。如推广到多个变量异或时，当变量中 1 的个数为偶数时，运算结果为 0；1 的个数为奇数时，运算结果为 1。

图 3-20　异或门的逻辑符号

表 3-20　异或门的真值表

输　入		输出
A	B	F
0	0	0
0	1	1
1	0	1
1	1	0

（8）同或门电路。同或门电路用来完成逻辑同或运算，运算符号是"⊙"。同或运算的逻辑表达式为：

$$F = A \odot B$$

同或门电路的逻辑符号如图 3 – 21 所示。

同或运算的规则正好和异或运算相反：当 A、B 相同时，输出 F 为 1；当 A、B 不相同时，输出 F 为 0，见表 3 – 21。

表 3 – 21　同或门的真值表

输　　入		输出
A	B	F
0	0	1
0	1	0
1	0	0
1	1	1

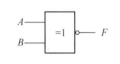

图 3 – 21　同或门的逻辑符号

3.2.3　知识拓展

OC 门，又称集电极开路（漏极开路）与非门电路，Open Collector (Open Drain)。实际使用中，有时需要两个或两个以上与非门的输出端连接在同一条导线上，将这些与非门上的数据（状态电平）用同一条导线输送出去。因此，需要一种新的与非门电路——OC门来实现"线与逻辑"。OC 门主要用于 3 个方面：实现与或非逻辑、用做电平转换、用做驱动器。由于 OC 门电路的输出管脚集电极悬空，使用时需外接一个上拉电阻 R_p 到电源 V_{CC}，以输出高电平。此外为了加大输出引脚的驱动能力，上拉电阻阻值的选择原则是：从降低功耗及芯片的灌电流能力考虑应当足够大；从确保足够的驱动电流考虑应当足够小。

线与逻辑，即两个输出端（包括两个以上）直接互连就可以实现"AND"的逻辑功能。在总线传输等实际应用中需要多个门的输出端并联连接使用，而一般 TTL 门输出端并不能直接并接使用，否则这些门的输出管之间由于低阻抗形成很大的短路电流（灌电流），而烧坏器件。在硬件上，可用 OC 门或三态门（ST 门）来实现。用 OC 门实现线与，应同时在输出端口加一个上拉电阻。

三态门（ST 门），主要应用于多个门输出共享数据总线。为避免多个门输出同时占用数据总线，这些门的使能信号（EN）中只允许有一个为有效电平（如高电平）。三态门由于其输出是推拉式的低阻输出，且不需接上拉（负载）电阻，所以开关速度比 OC 门快，常用来作为输出缓冲器。

任务 3.3　组合逻辑电路的分析和设计

【知识目标】

（1）会叙述组合逻辑电路的分析和设计步骤。

（2）熟悉各常用组合逻辑电路的功能。

【能力目标】

(1) 能分析及设计组合逻辑电路。

(2) 能分析并设计半加器、全加器、译码器电路。

3.3.1 任务描述与分析

数字逻辑电路分为组合逻辑电路和时序逻辑电路两大类。本任务通过对一些基本的算术运算电路,如半加器、全加器等的介绍来学习组合逻辑电路的分析及设计方法。

通过本任务的学习大家能够明白半加器及全加器的逻辑功能,另外就是体会组合逻辑电路的特点,并学会如何对组合逻辑电路进行分析及设计。

3.3.2 相关知识

3.3.2.1 组合逻辑电路的特点

组合逻辑电路是数字电路中的一个种类。组合逻辑电路由若干个逻辑门组成,是具有一组输入逻辑变量和一组输出逻辑变量的非记忆性逻辑电路。它主要的特点是:任何时刻的输出值仅仅取决于同一时刻该电路的输入值,而与电路原来所处的状态无关。

3.3.2.2 组合逻辑电路的分析与设计方法

某一给定的组合逻辑电路逻辑功能的分析步骤如下:

(1) 推导输出函数的逻辑表达式。根据给定的逻辑电路图,按门电路逻辑关系写出输出与输入变量的逻辑表达式。

(2) 化简。用公式法或卡诺图法对所得到的表达式进行化简,得到最简式。

(3) 列真值表。根据各组输入信号的状态,通过化简后的表达式,确定输出信号的状态,列出真值表。

(4) 分析说明。分析真值表,确定电路的逻辑功能,给出文字说明。

组合逻辑电路的设计步骤如图 3 - 22 所示。

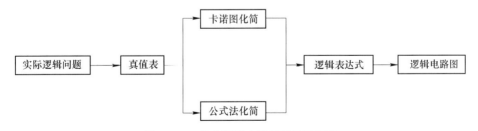

图 3 - 22　组合逻辑电路设计步骤框图

3.3.2.3 半加器

【例 3 - 12】 分析图 3 - 23 所示的组合逻辑电路。

解:(1) 从前向后逐步写出逻辑函数表达式。

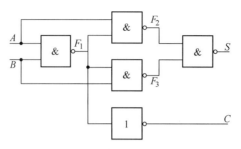

图 3 – 23   例 3 – 12 的电路

$$F_1 = \overline{AB}$$

$$F_2 = \overline{AF_1} = \overline{A\,\overline{AB}}$$

$$F_3 = \overline{BF_1} = \overline{B\,\overline{AB}}$$

$$S = \overline{F_2F_3} = \overline{\overline{A\,\overline{AB}} \cdot \overline{B\,\overline{AB}}}$$

$$C = \overline{\overline{F_1}} = \overline{\overline{\overline{AB}}} = AB$$

（2）化简。利用公式将 S 进行化简。

$$\begin{aligned}
S &= \overline{F_2F_3} = \overline{\overline{A\,\overline{AB}} \cdot \overline{B\,\overline{AB}}} \\
&= A\,\overline{AB} + B\,\overline{AB} = (\overline{A} + \overline{B})(A + B) \\
&= \overline{A}B + A\overline{B} \\
&= A \oplus B
\end{aligned}$$

（3）列出真值表，见表 3 – 22。

表 3 – 22   例 3 – 12 的真值表

输 入		输 出	输 入		输 出
A	B	C	S	A	B	C	S
0	0	0	0	1	0	0	1
0	1	0	1	1	1	1	0

（4）说明电路功能。从真值表看出：如果将 A、B 看成两个 1 位的 2 进制数，则电路可实现两个 1 位 2 进制数相加的功能。S 是它们的和，C 是向高位的进位。由于这一加法器电路没有考虑低位的进位，所以称该电路为半加器，简称 HA。

（5）半加器的逻辑图见图 3 – 24，逻辑符号见图 3 – 25。

图 3 – 24   半加器逻辑图   图 3 – 25   半加器符号

3.3.2.4   全加器

两个 1 位的 2 进制数相加时，考虑相邻低位来的进位的加法运算称为全加。实现全加运算的电路称为全加器，简称 FA。

【例 3 – 13】试设计一个全加器电路。

（1）变量赋值。设输入变量为两个 1 位 2 进制数 A_i、B_i，相邻低位来的进位数为 C_{i-1}；全加器的输出变量 Y_i 为算术和，向高位的进位为 C_i。

（2）列出真值表，见表 3 – 23。

表 3 – 23　全加器真值表

输　　入			输　　出	
A_i	B_i	C_{i-1}	Y_i	C_i
0	0	0	0	0
0	0	1	1	0
0	1	0	1	0
0	1	1	0	1
1	0	0	1	0
1	0	1	0	1
1	1	0	0	1
1	1	1	1	1

（3）写出对应的逻辑表达式。

$$Y_i = A_i \oplus B_i \oplus C_{i-1} \qquad C_i = C_{i-1}(A_i \oplus B_i) + A_i B_i$$

（4）画出全加器的逻辑图如图 3 – 26 所示，符号如图 3 – 27 所示。

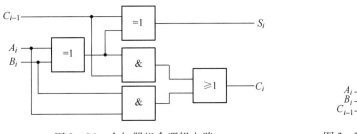

图 3 – 26　全加器组合逻辑电路　　　　　　图 3 – 27　全加器的符号

3.3.2.5　4 位全加器集成电路

表 3 – 24 列出了最常用的中规模集成电路的 4 位加法器 IC。这些 IC 都包含 4 个全加器，并且功能完全相同，只是引脚排布有所差异。它们都能实现两个 4 位 2 进制数带输入进位的加法运算，加法运算结果出现在各位全加器的输出端和输出进位端。

表 3 – 24　中规模集成电路 4 位加法器 IC

器　件	集成工艺	功　能　描　述
7438	TTL	4 位加法器，超前进位
74HC283	CMOS	4 位加法器，超前进位
4008	CMOS	4 位加法器，超前进位

表 3 – 24 中提到的超前进位对提高运算速度至关重要。例如，如果使用两个 7438IC 进行两个 8 位数的加法运算，超前进位根据低 4 位输入（$A_1 B_1 \sim A_4 B_4$）确定第 4 个全加器是否产生输出进位标志并传送给高位的加法器 IC。通过这种方式，高 4 位加法器可以与低

4 位加法同时进行, 而不必等待各位全加器进位标志逐位计算。

3.3.3　知识拓展

前面介绍的是简单的组合逻辑电路的设计, 在工作及生活中, 由于实际情况的复杂性, 碰到的问题往往会涉及很多因素, 在不同的情况下, 产生的结果也可能会有很多种。这样就会导致电路越来越复杂, 单纯地凭一个人的力量可能无法完成。在这种情况下, 就必须改进相应的设计方法。近些年借助计算机辅助手段, 可采用层次化设计, 运用硬件编写语言来完成大规模电路的设计。

下面介绍采用 Multisim 软件对电路进行分析。

（1）按图 3 - 28 所示接线, 并输入各信号, 观察输出的变化。

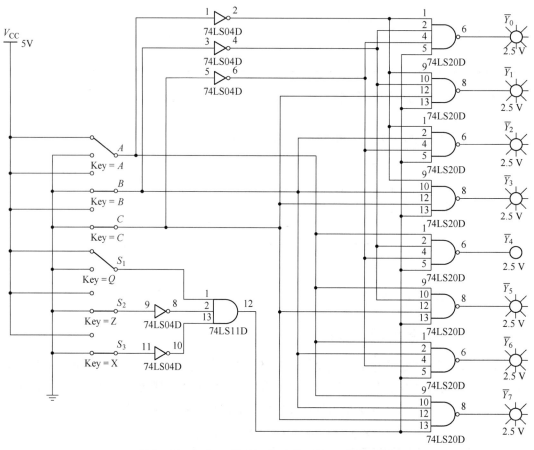

图 3 - 28　Probe（探针）指示的 3 线 - 8 线译码器

（2）按图 3 - 29 所示接线, 观察逻辑转换器所完成的各种转换。

（3）按组合逻辑电路的分析方法进行分析。

1）由逻辑图可以写出各输出的逻辑表达式为：

$$\overline{Y_0} = \overline{\overline{A}\,\overline{B}\,\overline{C} \cdot S} \qquad \overline{Y_1} = \overline{\overline{A}\,\overline{B}C \cdot S} \qquad \overline{Y_2} = \overline{\overline{A}B\,\overline{C} \cdot S} \qquad \overline{Y_3} = \overline{\overline{A}BC \cdot S}$$

$$\overline{Y_4} = \overline{A\,\overline{B}\,\overline{C} \cdot S} \qquad \overline{Y_5} = \overline{A\,\overline{B}C \cdot S} \qquad \overline{Y_6} = \overline{AB\,\overline{C} \cdot S} \qquad \overline{Y_7} = \overline{ABC \cdot S}$$

$$S = S_1 \cdot \overline{S_2} \cdot \overline{S_3}$$

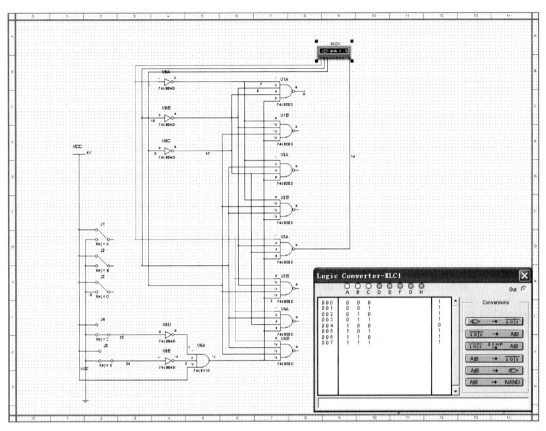

图 3 - 29　逻辑转换器指示的 3 线 - 8 线译码器

2）列出真值表，见表 3 - 25。

表 3 - 25　真值表

输　入						输　出							
S_1	$\overline{S_2}$	$\overline{S_3}$	A	B	C	$\overline{Y_0}$	$\overline{Y_1}$	$\overline{Y_2}$	$\overline{Y_3}$	$\overline{Y_4}$	$\overline{Y_5}$	$\overline{Y_6}$	$\overline{Y_7}$
1	0	0	0	0	0	0	1	1	1	1	1	1	1
1	0	0	0	0	1	1	0	1	1	1	1	1	1
1	0	0	0	1	0	1	1	0	1	1	1	1	1
1	0	0	0	1	1	1	1	1	0	1	1	1	1
1	0	0	1	0	0	1	1	1	1	0	1	1	1
1	0	0	1	0	1	1	1	1	1	1	0	1	1
1	0	0	1	1	0	1	1	1	1	1	1	0	1
1	0	0	1	1	1	1	1	1	1	1	1	1	0
×	1	×	×	×	×	1	1	1	1	1	1	1	1
×	×	1	×	×	×	1	1	1	1	1	1	1	1
0	×	×	×	×	×	1	1	1	1	1	1	1	1

3）说明电路功能。通过分析及实验验证，可知该电路除了具有 A、B、C 三路输入之

外，还有 S_1、S_2、S_3 三个选通端（也称使能端），其状态用以控制该电路工作。当 $S_1 = 1$，$S_2 = S_3 = 0$ 时，电路正常工作；此时该电路可将通过 A、B、C 输入的三路 2 进制信号所对应的一个输出端变为低电平。而当 $S_1 = 0$，$S_2 = S_3$ 为任意值或 $S_2 = 1$，$S_1 = S_3$ 为任意值或 $S_3 = 1$，$S_1 = S_2$ 为任意值时，八个输出端均为高电平，输出无变化。该电路输出低电平有效。这就是 3 线 – 8 线译码器的功能。

大家通过图 3 – 28 和图 3 – 29 所示的两种方式的比较，可以体会到计算机仿真的直观性。

任务 3.4　编码器、译码器、数据选择器的功能及应用

【知识目标】

（1）掌握编码器、译码器、数据选择器等常用组合逻辑电路的概念。

（2）掌握编码器、译码器、数据选择器等常用组合逻辑电路的功能。

【能力目标】

能用编码器、译码器、数据选择器等集成电路构成自己所需的电路。

3.4.1　任务描述与分析

常用的组合逻辑电路，一般都以集成电路的形式制作成专用模块。本任务要讨论的编码器、译码器、加法器、数据选择器、数据分配器等是最基本且常用的电路。本任务针对各专用集成电路，主要讨论其功能表的识读、外部管脚功能及接线。

对于一个专用集成电路，一般首先要弄清楚它的作用，其次要能看懂其功能表，最后能根据功能表对其外部管脚接线来实现其功能。

3.4.2　相关知识

3.4.2.1　编码器

在数字电子设备中，经常需要把具有某种特定含义的输入信号（如 10 进制数、文字、符号、某些状态等）变换成计算机能接受的 2 进制代码。这种用 2 进制代码的各种组合来表示具有某种特定含义的输入信号的过程称为编码。能够实现编码操作的数字电路称为编码器。

（1）2 – 10 进制编码器。所谓 2 – 10 进制编码器，就是输入一个 10 进制数 0~9，通过该编码器，在其输出端得到相应的 2 进制代码。

例如，按图 3 – 30 所示在实验台或用 Multisim 仿真软件接好线路，然后每次只按下一个开关键，可以看到该电路会将按键所代表的十个数转换成与之相应的 2 进制的 0、1 组合代码。

由于图 3 – 30 所示电路能够完成将 0~9 十个数码转换成与之相应的 2 进制代码输出，所以把该电路称为 2 – 10 进制编码器。图 3 – 30 所示电路简单，但通过实验验证，可以发

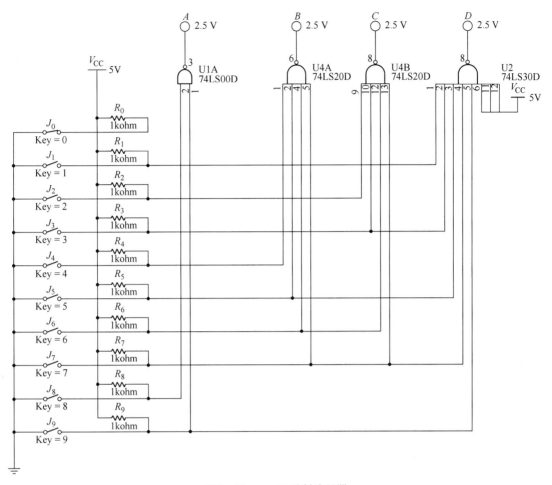

图 3 - 30   2 - 10 进制编码器

现图 3 - 30 所示电路存在缺陷，即该电路在操作时若按下两个或两个以上的开关，输出就会发生混乱，不能正常工作。

（2）优先编码器。在实际应用中，存在两个以上的输入信号时，要求输出不出现混乱，而且能对同时输入信号中具有高优先级别的信号先进行编码，这种组合逻辑电路称为优先编码器。为了使用方便，大部分优先编码器做成了集成电路的形式，如 8 线 - 3 线编码器和 10 线 - 4 线编码器。其中 8 线 - 3 线编码器常见的型号有 TTL 电路的 74LS148、COMS 电路的 74HC148；10 线 - 4 线编码器常见的型号有 TTL 电路的 74LS147、COMS 电路的 74HC147。

例如，按图 3 - 31 所示在实验台或用 Multisim 仿真软件接好线路，然后请按下开关键，观察电路的输出状态。

通过实际动手连接，可以发现该器件有 8 个输入端，3 个输出端，3 位 8421 反码输出。此外电路还设置了输入、输出使能端 E_I、E_0 和优先标志 S。8 个输入端低电平有效。

当 $E_I = 1$ 时，则不论 8 个输入端为何种状态，3 个输出端均为高电平，且优先标志 S 和输出使能端 E_0 均为高电平，编码器处于不工作状态。当 $E_I = 0$，且至少有一个输入端有编码请求信号（逻辑 0）时，优先标志 $S = 0$，否则 $S = 1$。故 $S = 0$ 表示优先级别起作用。

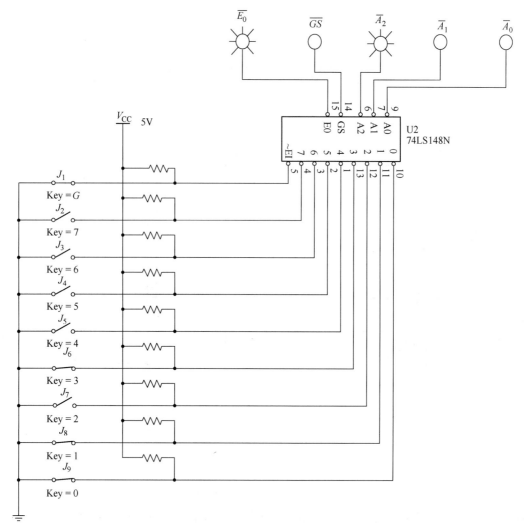

图 3 - 31　74LS148 8 线 - 3 线优先编码器

因此，可以从外部用信号通过 E_1 端命令编码器工作或停止。E_0 只有在 $E_1 = 0$，且所有输入端都为 1 时，输出才为 0。它可与另一片同样器件的 E_1 端连接，构成更多输入端的编码器。输入端的优先级别的顺序依次为 9、8、7…0。当某一输入端有低电平输入，且比它优先级别高的输入端无低电平输入时，输出端才输出这个输入端的编码。如图 3 - 31 中输入端同时输入信号的有 3、1、0，但 3 输入端的优先级别是此时最高的，所以输出编码为 100（反码 011，3）。

3.4.2.2　译码器

译码是编码的逆过程，即把编码所代表的特定含义"翻译"出来。译码器经常和各种显示器结合使用，向用户显示数字设备数据的结果。并且由于译码器在任意时刻，其输出端只有一个为 1，其余均为 0（高电平有效）；或只有一个为 0，其余均为 1（低电平有效），因而在计算机中还利用译码器在众多芯片中选择其一进行数据的传输。

　　按照不同的用途，习惯上把译码器分为变量译码器、码制变换译码器和显示译码器三类。

　　（1）变量译码器。变量译码器是表示输入变量状态的译码器。常见产品有二输入 – 四输出译码器（简称 2 线 – 4 线译码器）74LS139 和 3 线 – 8 线译码器 74LS138（见图 3 – 32）、4 线 – 16 线译码器 74LS154。

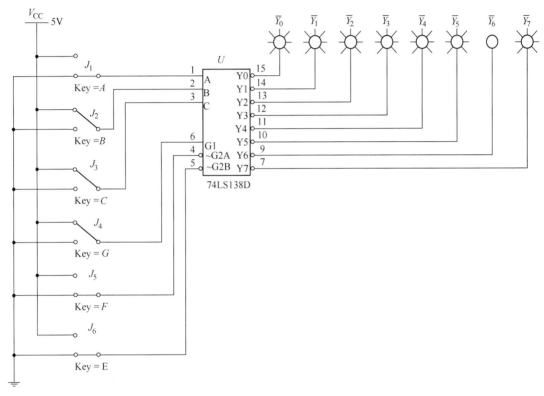

图 3 – 32　3 线 – 8 线译码器 74LS138

　　（2）码制变换译码器。码制变换译码器用于同一个数据的不同编码之间的相互转换。常见产品有 2 – 10 进制至 10 进制译码器 74LS42 和余三码至 10 进制译码器 74LS43 等。

　　（3）显示译码器。显示译码器用于将数字或文字、符号的编码译成数字、文字、符号的电路，其常见型号有 74LS48、74LS247 等。

　　【例 3 – 14】试用两片 3 线 – 8 线译码器 74LS138 组成一个 4 线 – 16 线译码器。

　　（1）查资料找出 74LS138 的真值表，见表 3 – 26。

表 3 – 26　74LS138 的真值表

| 输　入 | | | | | | 输　出 | | | | | | | |
S_1	$\overline{S_2}$	$\overline{S_3}$	A_2	A_1	A_0	$\overline{Y_0}$	$\overline{Y_1}$	$\overline{Y_2}$	$\overline{Y_3}$	$\overline{Y_4}$	$\overline{Y_5}$	$\overline{Y_6}$	$\overline{Y_7}$
1	0	0	0	0	0	0	1	1	1	1	1	1	1
1	0	0	0	0	1	1	0	1	1	1	1	1	1
1	0	0	0	1	0	1	1	0	1	1	1	1	1

输　入						输　出							
S_1	$\bar{S}_2$	$\bar{S}_3$	A_2	A_1	A_0	$\bar{Y}_0$	$\bar{Y}_1$	$\bar{Y}_2$	$\bar{Y}_3$	$\bar{Y}_4$	$\bar{Y}_5$	$\bar{Y}_6$	$\bar{Y}_7$
1	0	0	0	1	1	1	1	1	0	1	1	1	1
1	0	0	1	0	0	1	1	1	1	0	1	1	1
1	0	0	1	0	1	1	1	1	1	1	0	1	1
1	0	0	1	1	0	1	1	1	1	1	1	0	1
1	0	0	1	1	1	1	1	1	1	1	1	1	0
×	1	×	×	×	×	1	1	1	1	1	1	1	1
×	×	1	×	×	×	1	1	1	1	1	1	1	1
0	×	×	×	×	×	1	1	1	1	1	1	1	1

分析该真值表可得出：只有当选通端（使能端）有效时（$S_1 = 1$，$\bar{S}_2 = 0$，$\bar{S}_3 = 0$），将根据输入 A_2、A_1、A_0 代码的取值组合，使输出中只有一个为低电平。

（2）列出 4 线 – 16 线译码器的功能，见表 3 – 27。观察该表，可以看出，当 $A_3 = 0$ 时，使第（1）块 74LS138 工作，根据 $A_2A_1A_0$ 的取值组合，选取一路输出，完成 0000 ~ 0111 的译码工作；当 $A_3 = 1$ 时，使第（2）块 74LS138 工作，根据 $A_2A_1A_0$ 的取值组合，选取一路输出，完成 1000 ~ 1111 的译码工作。

表 3 – 27　4 线 – 16 线译码器的真值表

输　入				输　出															
A_3	A_2	A_1	A_0	$\bar{Y}_0$	$\bar{Y}_1$	$\bar{Y}_2$	$\bar{Y}_3$	$\bar{Y}_4$	$\bar{Y}_5$	$\bar{Y}_6$	$\bar{Y}_7$	$\bar{Y}_8$	$\bar{Y}_9$	$\bar{Y}_{10}$	$\bar{Y}_{11}$	$\bar{Y}_{12}$	$\bar{Y}_{13}$	$\bar{Y}_{14}$	$\bar{Y}_{15}$
0	0	0	0	0	1	1	1	1	1	1	1	1	1	1	1	1	1	1	1
0	0	0	1	1	0	1	1	1	1	1	1	1	1	1	1	1	1	1	1
0	0	1	0	1	1	0	1	1	1	1	1	1	1	1	1	1	1	1	1
0	0	1	1	1	1	1	0	1	1	1	1	1	1	1	1	1	1	1	1
0	1	0	0	1	1	1	1	0	1	1	1	1	1	1	1	1	1	1	1
0	1	0	1	1	1	1	1	1	0	1	1	1	1	1	1	1	1	1	1
0	1	1	0	1	1	1	1	1	1	0	1	1	1	1	1	1	1	1	1
0	1	1	1	1	1	1	1	1	1	1	0	1	1	1	1	1	1	1	1
1	0	0	0	1	1	1	1	1	1	1	1	0	1	1	1	1	1	1	1
1	0	0	1	1	1	1	1	1	1	1	1	1	0	1	1	1	1	1	1
1	0	1	0	1	1	1	1	1	1	1	1	1	1	0	1	1	1	1	1
1	0	1	1	1	1	1	1	1	1	1	1	1	1	1	0	1	1	1	1

输　入				输　　　出															
A_3	A_2	A_1	A_0	$\overline{Y}_0$	$\overline{Y}_1$	$\overline{Y}_2$	$\overline{Y}_3$	$\overline{Y}_4$	$\overline{Y}_5$	$\overline{Y}_6$	$\overline{Y}_7$	$\overline{Y}_8$	$\overline{Y}_9$	$\overline{Y}_{10}$	$\overline{Y}_{11}$	$\overline{Y}_{12}$	$\overline{Y}_{13}$	$\overline{Y}_{14}$	$\overline{Y}_{15}$
1	1	0	0	1	1	1	1	1	1	1	1	1	1	1	1	0	1	1	1
1	1	0	1	1	1	1	1	1	1	1	1	1	1	1	1	1	0	1	1
1	1	1	0	1	1	1	1	1	1	1	1	1	1	1	1	1	1	0	1
1	1	1	1	1	1	1	1	1	1	1	1	1	1	1	1	1	1	1	0

（3）连接图如图 3 - 33 所示。

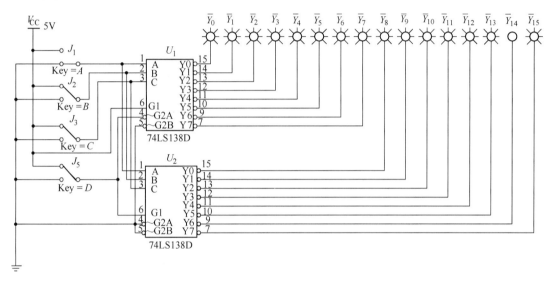

图 3 - 33　由 3 线 - 8 线译码器扩展出 4 线 - 16 线译码器

【例 3 - 15】用 BCD 码编码器 74LS147 及 74LS48、74LS04 等完成数字显示 0，1，2，3，4，5，6，7，8，9。

难点提示：BCD 码就是指用四位 2 进制数组合在一起来表示 0 ~ 9 这 10 个不同的 10 进制数。能完成该功能的电路称为 BCD 码编码器。

（1）首先查阅 74LS147、74LS48、74LS04 三个集成块的管脚图及真值表，弄清楚各管脚的功能。在此特别应注意 74LS48 管脚中的 $\overline{\text{LT}}$、$\overline{\text{RBI}}$、$\overline{\text{BI}}/\overline{\text{RBO}}$ 三个管脚的用法。

（2）数字显示器件。LED 数码管又称为半导体数码管，它是由多个发光二极管（LED）按分段式封装制成的。LED 数码管有共阴极型和共阳极型两种形式。共阴极型 LED 数码管是将内部所有 LED 的阴极连在一起引出来，作为公共阴极；共阳极型 LED 数码管是将内部所有 LED 的阳极连在一起引出来，作为公共阳极。二者具体电路如图 3 - 34 所示。

因为 LED 工作电压较低，工作电流也不大，所以可以直接用七段显示译码器驱动数码管，但是要正确选择驱动方式。对共阴极型 LED 数码管，应采用高电平驱动；对共阳极型 LED 数码管，应采用低电平驱动。

国内外常用 LED 型号见表 3 - 28、表 3 - 29。

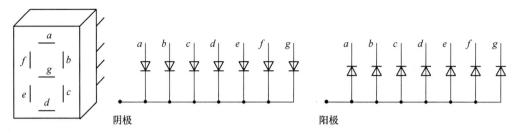

图 3 - 34　七段显示 LED 数码管

表 3 - 28　国产 LED 常见型号

型　号	正向电压	直流电流/mA	反向击穿电压/V	颜　色
BS204	≤1.8	60 ~ 200	≥5	红
BS205	≤1.8	60 ~ 200	≥5	红
BS206	≤3.6	60 ~ 200	≥10	红
BS207	≤3.6	60 ~ 200	≥10	红

表 3 - 29　国外 LED 常见型号

型　号	颜　色	发光强度（电流 10mA）/μcd	
LA(C)5011 - 11	红	最小值≥80	标准值 400
LA(C)5021 - 11	绿	950	1350
LA(C)5031 - 11	黄	880	1250
LA(C)5041 - 11	橙	1050	1500

（3）七段显示译码器。数码管通常采用图 3 - 35 所示的七段字形显示方式来表示 0 ~ 9 十个数字。七段显示译码器就是把输入的 BCD 码，翻译成驱动七段 LED 数码管各对应段所需的电平。

74LS48 是一种七段显示译码器，表 3 - 30 是它的功能表。该电路为 BCD - 七段译码器/驱动器，输出是高电平有效。该电路接受 4 位 2 - 10 进制（BCD）编码输入，并根据辅助输入端的状态，将这些数据译成驱动其他元件的码。它还含有前、后沿自动灭零控制（RBI/RBO）。当 $\overline{LT} = 0$，$\overline{BI/RBO} = 1$ 时，测试七段数码管发光段好坏，即不管其他输入端为何状态，七段全亮，说明数码管工作正常。灭灯输入（BI）可用来控制灯的亮度或禁止输出。

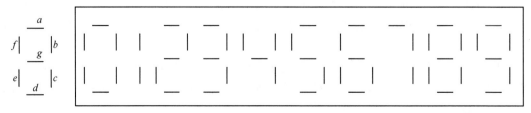

图 3 - 35　七段数码管字形显示方式

表 3 - 30 74LS48 七段显示译码器的功能表

10进制数	输入						$\overline{BI}/\overline{RBO}$	输出						
	$\overline{LT}$	$\overline{RBI}$	A_3	A_2	A_1	A_0		a	b	c	d	e	f	g
0	1	1	0	0	0	0	1	1	1	1	1	1	1	0
1	1	×	0	0	0	1	1	0	1	1	0	0	0	0
2	1	×	0	0	1	0	1	1	1	0	1	1	0	1
3	1	×	0	0	1	1	1	1	1	1	1	0	0	1
4	1	×	0	1	0	0	1	0	1	1	0	0	1	1
5	1	×	0	1	0	1	1	1	0	1	1	0	1	1
6	1	×	0	1	1	0	1	0	0	1	1	1	1	1
7	1	×	0	1	1	1	1	1	1	1	0	0	0	0
8	1	×	1	0	0	0	1	1	1	1	1	1	1	1
9	1	×	1	0	0	1	1	1	1	1	0	0	1	1
10	1	×	1	0	1	0	1	0	0	0	1	1	0	1
11	1	×	1	0	1	1	1	0	0	1	1	0	0	1
12	1	×	1	1	0	0	1	0	1	0	0	0	1	1
13	1	×	1	1	0	1	1	1	0	0	1	0	1	1
14	1	×	1	1	1	0	1	0	0	0	1	1	1	1
15	1	×	1	1	1	1	1	0	0	0	0	0	0	0

（4）在实验台或用 Multisim 连接图 3 - 36，并进行实验。

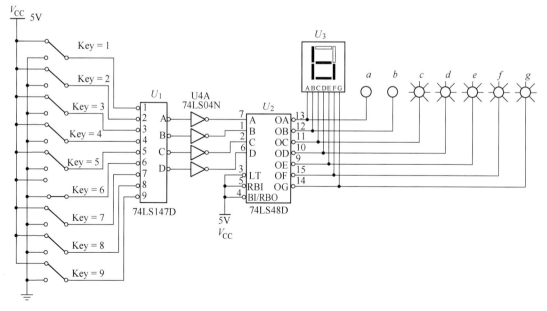

图 3 - 36 74LS48 七段显示译码器的功能验证接线图

3.4.2.3　数据选择器和数据分配器

在数字系统中，尤其是计算机系统中，为了减少传输线，经常采用总线技术，即在同一条线上对多路数据进行接收或传送。用来实现这种逻辑功能的数字电路就是数据选择器和数据分配器，如图 3-37 所示。

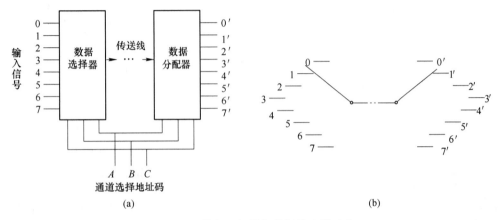

图 3-37　数据选择器与数据分配器示意
(a) 数据选择器与数据分配器结构；(b) 数据选择器与数据分配器逻辑功能

(1) 数据选择器。数据选择器就是根据地址信号，从多路输入数据中，选择其中的某一路数据输出。它的基本功能相当于一个单刀多掷开关，如图 3-37(b) 所示。通过开关的转换，选择输入信号 0、1、2…7 中的一个信号传送到输出端。

常见数据选择器型号有：

1) 单八路选一：CC4512、CC74HC151、74LS151、T4151 等。

2) 双四路选一：CC14539、CC74HC153、74LS153、T4153 等。

除作为数据选择器外，数据选择器还有一项重要的应用就是构成函数发生器。

【例 3-16】用一片双四选一数据选择器 74LS153 构成一个全加器。

74LS153 的符号见图 3-38，功能表见表 3-31。

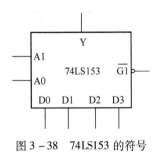

图 3-38　74LS153 的符号

表 3-31　74LS153 的功能表

	输　入		输　出
S	A_1	A_0	Y
1	×	×	0
0	0	0	D0
0	0	1	D1
0	1	0	D2
0	1	1	D3

全加器的真值表见表 3-32，表达式为：

$$Y_i = A_i \oplus B_i \oplus C_{i-1}$$
$$C_i = C_{i-1}(A_i \oplus B_i) + A_i B_i$$

表 3 – 32　全加器真值表

输　入			输　出		输　入			输　出	
A_i	B_i	C_{i-1}	Y_i	C_i	A_i	B_i	C_{i-1}	Y_i	C_i
0	0	0	0	0	1	0	0	1	0
0	0	1	1	0	1	0	1	0	1
0	1	0	1	0	1	1	0	0	1
0	1	1	0	1	1	1	1	1	1

实现全加器的逻辑电路图如图 3 – 39 所示。

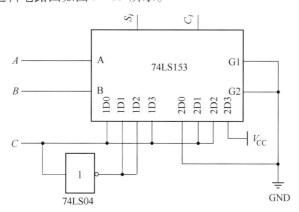

图 3 – 39　用 74LS153 实现全加器功能

根据逻辑电路图在实验台或 Multisim 上连线，如图 3 – 40 所示，进行功能验证。

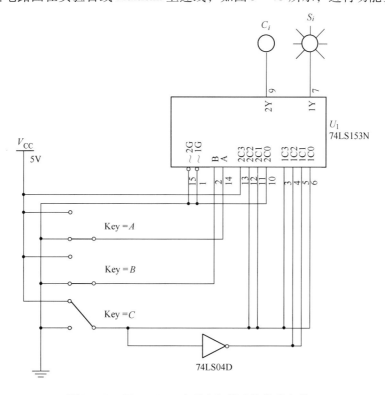

图 3 – 40　用 74LS153 实现全加器功能仿真电路

（2）数据分配器。数据分配是将单一输入数据分配给多路输出。其中典型的集成电路有 4 线数据分配器 74139 和 16 线数据分配器 74154。它们的电路原理和译码器相同，只是输入数据由使能端 $\overline{EI}$ 输入，其 A_1A_0 输入端用于选择输入数据的目标输出端。

3.4.3　知识拓展

3.4.3.1　竞争和冒险的概念及其产生的原因

在组合电路中，一个信号可能会经过几条不同的路径又重新汇合到某一个门的输入端。但由于路径上的传输时间可能不同，所以到达某一门的输入端的时间就有先有后，这种现象称为竞争。

另外，当门电路的两个输入信号同时向相反的状态变化时（一个信号从 0 变 1，另一个从 1 变 0），也可能产生竞争。

在组合电路中，由于竞争的结果，在输出端产生错误输出，即输出端产生不应有的干扰脉冲，这种现象就称为"冒险"。

大多数组合逻辑电路都是存在着竞争，但不是所有的竞争都一定会产生错误输出。把不会产生错误输出的竞争称为非临界竞争。把产生错误输出的竞争称为临界竞争。

由此可见，竞争现象和冒险现象是两个不同的概念，但它们之间存在一定的相互关系。竞争是产生冒险的必要条件，而冒险并非竞争现象的必然结果。

根据冒险的极性，冒险可分为两种：

（1）0 型冒险：输出负尖脉冲，即在正常情况下输出的是高电平 1，而在竞争出现的时间内产生低电平 0。

（2）1 型冒险：输出正尖脉冲，即在正常情况下输出的是低电平 0，而在竞争出现的时间内产生高电平 1。

3.4.3.2　冒险现象的判断

冒险现象是否存在，虽然可以通过画波形图来判断，但比较麻烦，容易产生错误。一般主要利用下面两种方法来判断冒险是否存在。

（1）代数判断法。首先观察逻辑表达式中是否存在某变量的原变量和反变量，即首先判断是否存在竞争，因为只有存在竞争才可能产生冒险。若存在竞争，可消去表达式中不存在竞争的变量，仅留下有竞争能力的变量。

若得到 $Y = X + \overline{X}$ 说明存在 0 型冒险。

若得到 $Y = X \cdot \overline{X}$ 说明存在 1 型冒险。

【例 3 - 17】判断 $Y = AB + \overline{A}C$ 是否存在冒险。

解：首先观察表达式，A 变量存在竞争。为考察 A，消去变量 B、C，步骤如下：

当 $BC = 00$ 时，$Y = 0$；

当 $BC = 01$ 时，$Y = \overline{A}$；

当 $BC = 10$ 时，$Y = A$；

当 $BC = 11$ 时，$Y = A + \overline{A}$。

可见，在 $BC = 11$ 时，A 的变化可能产生 0 型冒险。

【例 3 - 18】 判断 $Y = (A + C)(\overline{A} + B)(B + \overline{C})$ 是否存在冒险。

解： 首先观察表达式，变量 A、C 存在竞争。先考察 A，故消去变量 B、C，步骤如下：

当 $BC = 00$ 时，$Y = A \cdot \overline{A}$；

当 $BC = 01$ 时，$Y = \overline{A} \cdot 0 = 0$；

当 $BC = 10$ 时，$Y = A$；

当 $BC = 11$ 时，$Y = 1$。

再考察 C，故消去变量 A、B，步骤如下：

当 $AB = 00$ 时，$Y = C \cdot \overline{C}$；

当 $AB = 01$ 时，$Y = C$；

当 $AB = 10$ 时，$Y = 0$；

当 $AB = 11$ 时，$Y = 1$。

由上分析可知，在 $BC = 00$ 时，A 的变化可能产生 1 型冒险；在 $AB = 00$ 时，C 的变化也会产生 1 型冒险。

（2）卡诺图判断法。将 $Y = AB + \overline{A}C$ 和 $Y = (A + C)(\overline{A} + B)(B + \overline{C})$ 分别填入卡诺图中，如图 3 - 41 所示。根据上面分析，已知两个函数存在冒险。它们反映在卡诺图中，该函数相应项的两个包围圈只相邻而不相交，这样就会产生冒险。这就是卡诺图判断法。

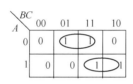 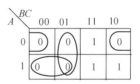

图 3 - 41　存在冒险的卡诺图

3.4.3.3　竞争冒险的消除

（1）增加冗余项。当竞争冒险是由单个改变状态引起时，可用增加冗余项的方法来消除。

【例 3 - 19】 对于给定函数 $Y = AB + \overline{A}C$，当 $BC = 11$ 时，有 $Y = A + \overline{A}$，会产生 0 型冒险。因而在函数中增加冗余项 BC 项，使 Y 的表达式成为：

$$Y = AB + \overline{A}C + BC$$

当 $BC = 11$ 时，$Y = A + \overline{A} + 1 = 1$；

当 $BC = 00$ 时，$Y = 0$；

当 $BC = 01$ 时，$Y = \overline{A}$；

当 $BC = 10$ 时，$Y = A$。

这样就不会出现 $Y = A + \overline{A}$ 的情况，消除了冒险。这种增加冗余项的方法，反映在卡诺图中，就是增加尽量少的虚线包围圈（见图 3 - 42），使相邻的包围圈互相交叉。函数 $Y = AB + \overline{A}C$ 修改逻辑消除冒险后的逻辑电路图如图 3 - 43 所示。函数 $Y = (A + C)(\overline{A} + B)(B + \overline{C})$ 修改后消除冒险的卡诺图如图 3 - 44 所示。

（2）引入选通脉冲。平时将有关的门封锁，使冒险脉冲不能通过，而且当冒险脉冲消失之后将有关的门打开，允许电路输出。如图 3 - 45 所示电路，在输出级加入选通脉冲。

当选通脉冲为 0 时，电路的输出与 A、B、C 无关；当选通脉冲为 1 时，电路才有输出。选通脉冲的极性视具体电路而定。如输出级是或门或者或非门，则选通脉冲在有冒险时为 1；而与门、与非门则用 0。

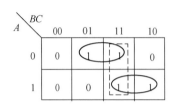

图 3 - 42　函数 $Y = AB + \overline{A}C$ 消除冒险的卡诺图

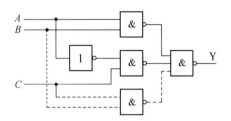

图 3 - 43　修改逻辑消除冒险逻辑电路图

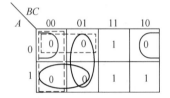

图 3 - 44　消除冒险的卡诺图

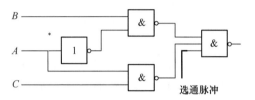

图 3 - 45　加选通脉冲消除冒险电路图

习　　题

3 - 1　用公式法化简以下逻辑函数。

(1) $F = BC + A\overline{C} + AB + BCD$

(2) $Y = AC + ABC + ACD + CD$

(3) $Y = AB + C + AC + B$

(4) $Y = \overline{D} \cdot \overline{\overline{AB}\,\overline{D}} + \overline{\overline{A}\,\overline{B}\,\overline{D}}$

3 - 2　用卡诺图化简以下逻辑函数。

(1) $F(X,Y,Z) = \sum m(2,3,6,7)$

(2) $F(A,B,C,D) = \sum m(7,13,14,15)$

(3) $F(A,B,C,D) = \sum m(0,2,4,6,9,13) + \sum d(1,3,5,7,11,15)$

3 - 3　利用与非门实现函数 $L = AB + AC$。

3 - 4　写出图 3 - 46 所示电路的逻辑表达式，并说明电路实现哪种逻辑门的功能。

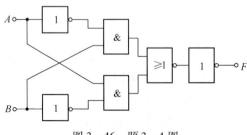

图 3 - 46　题 3 - 4 图

3 – 5　已知图 3 – 47 所示电路及输入 A、B 的波形，试画出相应的输出波形 F，不计门的延迟。

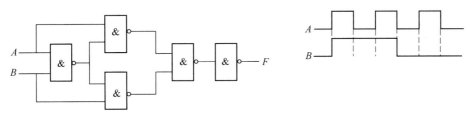

图 3 – 47　题 3 – 5 图

3 – 6　由与非门构成的某表决电路如图 3 – 48 所示。其中 A、B、C、D 表示 4 个人，$L = 1$ 时表示决议通过。

　　（1）试分析电路，说明决议通过的情况有几种。

　　（2）分析 A、B、C、D 四个人中，谁的权力最大？

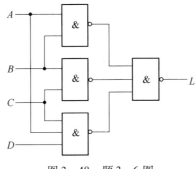

图 3 – 48　题 3 – 6 图

3 – 7　设计一个由三个输入端、一个输出端组成的判奇电路，其逻辑功能为：当奇数个输入信号为高电平时，输出为高电平，否则为低电平。要求画出真值表和电路图。

3 – 8　用红、黄、绿三个指示灯表示三台设备的工作情况：绿灯亮表示全部正常；红灯亮表示有一台不正常；黄灯亮表示两台不正常；红、黄灯全亮表示三台都不正常。列出控制电路真值表，并选用合适的集成电路来实现。

3 – 9　设计多数表决通过电路，有 A、B、C 三人进行表决，A 具有否决权。请列出真值表，写出化简后表达式，并用与非门实现。

3 – 10　试用 74LS138 译码器和最少的与非门实现逻辑函数 $F_1(A,B,C) = \sum m(0,2,6,7)$ 和 $F_2(A,B,C) = A \odot B \odot C$。

情境4 数字电子钟的设计与制作

在时序逻辑电路中，任意时刻的输出信号不仅取决于当时的输入信号，而且还取决于电路原来的状态，即与以前的输入和输出信号也有关系。

本学习情境讲解时序逻辑电路方面的相关知识，以数字电子钟的设计与制作作为实际操作载体，主要知识包含 RS 触发器、JK 触发器、D 触发器、2 进制计数器、寄存器、时序逻辑电路的分析与设计，D/A、A/D 变换以及动手实训数字电子钟的设计与制作。

任务4.1 校时电路的设计

【知识目标】

(1) 了解触发器的特性。
(2) 熟悉 RS 触发器逻辑功能。

【能力目标】

(1) 会用与非门制作 RS 触发器并校验其逻辑功能。
(2) 会利用 RS 触发器进行校时电路设计并进行安装调试。

4.1.1 任务描述与分析

校时电路是数字钟不可缺少的部分，每当数字钟与实际时间不符时，需要根据标准时间进行校时。本任务通过学习触发器的特性，熟悉 RS 触发器、同步 RS 触发器的工作原理，利用 RS 触发器进行校时电路设计。

4.1.2 相关知识

4.1.2.1 触发器概述

时序逻辑电路任一时刻的输出状态不仅取决于当时的输入信号，还与电路的原状态有关。

时序逻辑电路中必须含有具有记忆能力的存储器件。存储器件的种类很多，如触发器、延迟线、磁性器件等，其中最常用的是触发器。

由触发器作存储器件的时序逻辑电路的基本结构框图如图 4-1 所示，一般来说，它由组合逻辑电路和触发器两部分组成。

触发器是一种具有"记忆"功能的存储器件，它具有以下特性：

(1) 两个稳定的输出状态，即 1 状态（当 $Q=1$，$\overline{Q}=0$）和 0 状态（$Q=0$，$\overline{Q}=1$），在无外部信号作用时，触发器保持原有的状态不变。

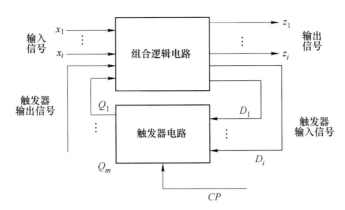

图 4-1　时序逻辑电路结构框图

（2）在外部信号（触发信号和时钟信号）作用下，触发器由一种稳定状态翻转成另一种稳定状态，并保持到另一次触发信号到来。

4.1.2.2　用与非门组成的基本 RS 触发器

与非门组成的基本 RS 触发器由两个与非门的输入输出端交叉耦合，其逻辑图和逻辑符号如图 4-2 所示，它与组合电路的根本区别在于，电路中有反馈线。

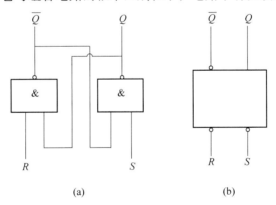

（a）　　　　　　　　　　（b）

图 4-2　与非门组成的基本 RS 触发器
（a）逻辑图；（b）逻辑符号

基本 RS 触发器有两个输入端 R、S，有两个输出端 Q、$\overline{Q}$。一般情况下，Q、$\overline{Q}$ 是互补的。

基本 RS 触发器的逻辑功能见表 4-1。触发器的新状态 Q^{n+1}（也称次态）不仅与输入状态有关，也与触发器原来的状态 Q^{n}（也称现态或初态）有关。

表 4-1　基本 RS 触发器的逻辑功能

R	S	Q^{n}	Q^{n+1}	功能说明
0	0	0	×	不定状态
0	0	1	×	
0	1	0	0	置0(复位)
0	1	1	0	

R	S	Q^n	Q^{n+1}	功能说明
1	0	0	1	置1（置位）
1	0	1	1	
1	1	0	0	保持原状态
1	1	1	1	

基本 RS 触发器的特点是：

（1）有两个互补的输出端，有两个稳态。

（2）有复位（$Q=0$）、置位（$Q=1$）、保持原状态三种功能。

（3）R 为复位（Reset）输入端，S 为置位（Set）输入端，均为低电平有效。由于反馈线的存在，无论是复位还是置位，有效信号只需作用很短的一段时间，即"一触即发"。

（4）当 $Q=0$，$\overline{Q}=1$ 时，称为触发器的 0 状态。

4.1.2.3　同步 RS 触发器

在实际应用中，触发器的工作状态不仅要由 R、S 端的信号来决定，而且还希望触发器按一定的节拍翻转。为此，给触发器加一个时钟控制端 CP，只有在 CP 端上出现时钟脉冲时，触发器的状态才能变化。

具有时钟脉冲控制的触发器状态的改变与时钟脉冲同步，所以称为同步触发器，也称钟控触发器。

同步 RS 触发器由四个与非门的组成，其逻辑图和逻辑符号如图 4 – 3 所示。

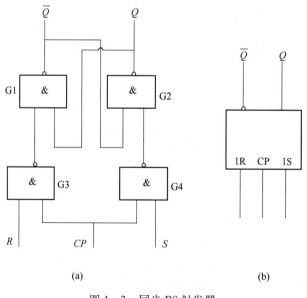

图 4 – 3　同步 RS 触发器

（a）逻辑图；（b）逻辑符号

A　同步 RS 触发器的逻辑功能

当 $CP=0$ 时，控制门 G3、G4 关闭，都输出 1。这时，不管 R 端和 S 端的信号如何变化，触发器的状态保持不变。

当 $CP=1$ 时，G3、G4 打开，R、S 端的输入信号通过这两个门，使基本 RS 触发器的状态翻转，其输出状态由 R、S 端的输入信号决定，见表 4-2。

表 4-2　同步 RS 触发器的逻辑功能

R	S	Q^n	Q^{n+1}	功能说明
0	0	0	0	保持原状态
0	0	1	1	
0	1	0	1	置1（置位）
0	1	1	1	
1	0	0	0	置0（复位）
1	0	1	0	
1	1	0	×	不定状态
1	1	1	×	

由此可以看出，同步 RS 触发器的状态转换分别由 R、S 和 CP 控制。其中，R、S 控制状态转换的方向，即转换为何种次态；CP 控制状态转换的时刻，即何时发生转换。

B　触发器功能的表示方法

（1）特性方程。触发器次态 Q^{n+1} 与输入状态 R、S 及现态 Q^n 之间关系的逻辑表达式称为触发器的特性方程。根据同步 RS 触发器 Q^{n+1} 的卡诺图（见图 4-4），可知同步 RS 触发器的特性方程为：

$$Q^{n+1} = S + \bar{R}Q^n$$
$$RS = 0 \quad （约束条件）$$

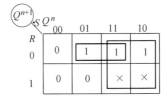

图 4-4　同步 RS 触发器 Q^{n+1} 的卡诺图

（2）状态转换图。触发器状态转换图表示触发器从一个状态变化到另一个状态或保持原状不变时，对输入信号的要求。同步 RS 触发器状态转换图如图 4-5 所示。

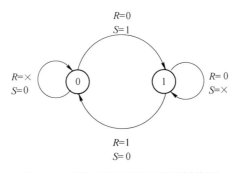

图 4-5　同步 RS 触发器的状态转换图

（3）驱动表。触发器驱动表见表 4 – 3，它表示触发器从一个状态变化到另一个状态或保持原状态不变时，对输入信号的要求。

表 4 – 3　同步 RS 触发器的驱动表

$Q^n \rightarrow Q^{n+1}$		R	S
0	0	×	0
0	1	0	1
1	0	1	0
1	1	0	×

（4）波形图。触发器的功能也可以用输入输出波形图直观地表示出来。图 4 – 6 所示为同步 RS 触发器的波形图。

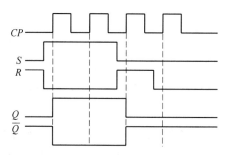

图 4 – 6　同步 RS 触发器的波形图

4.1.2.4　校时电路分析

图 4 – 7 所示电路是由基本 RS 触发器和与或非门电路构成的校时电路。

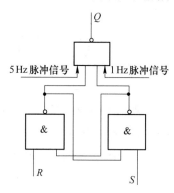

图 4 – 7　基本 RS 触发器和与或非门电路构成的校时电路

基本 RS 触发器的逻辑功能见表 4 – 4。由功能表可知，触发器的新状态 Q^{n+1} 不仅与输入状态有关，也与触发器原来的状态 Q^n 有关。

表 4 – 4　基本 RS 触发器的逻辑功能

R	S	Q^n	Q^{n+1}	Q_1^n	功　能
0	0	0	×		
0	0	1	×		

R	S	Q^n	Q^{n+1}	Q_1^n	功　能
0	1	0	0	5Hz 脉冲信号	校时
0	1	1	0		
1	0	0	1	1Hz 脉冲信号	计时
1	0	1	1		
1	1	0	0	5Hz 脉冲信号	校时
1	1	1	1	1Hz 脉冲信号	计时

4.1.3　知识拓展

4.1.3.1　主从 RS 触发器电路结构

主从触发器由两级触发器构成，其中一级直接接收输入信号，称为主触发器；另一级接收主触发器的输出信号，称为从触发器。主从触发器逻辑图和逻辑符号如图 4 – 8 所示。由于两级触发器的时钟信号互补，因此有效地克服了空翻现象。

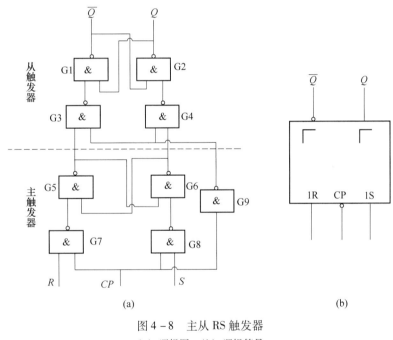

图 4 – 8　主从 RS 触发器

（a）逻辑图；（b）逻辑符号

4.1.3.2　工作原理

主从触发器的触发翻转分为两个节拍：

（1）当 $CP = 1$ 时，$CP' = 0$，从触发器被封锁，保持原状态不变。这时，G7、G8 打开，主触发器工作，接收 R 和 S 端的输入信号。

（2）当 CP 由 1 跃变到 0 时，即 $CP = 0$、$CP' = 1$，主触发器被封锁，输入信号 R、S 不再影响主触发器的状态。这时，由于 $CP' = 1$，G3、G4 打开，从触发器接收主触发器输出端的状态。

由以上分析可知，主从触发器的翻转是在 CP 由 1 变 0 时刻（CP 下降沿）发生的，CP 一旦变为 0 后，主触发器被封锁，其状态不再受 R、S 影响，故主从触发器对输入信号的敏感时间大大缩短，只在 CP 由 1 变 0 的时刻触发翻转，因此不会有空翻现象。

任务 4.2　分频电路的设计

【知识目标】

(1) 熟悉主从 JK 触发器的逻辑功能。

(2) 熟悉 D 触发器的逻辑功能。

(3) 熟悉集成 JK 触发器、D 触发器管脚功能。

【能力目标】

(1) 会用集成 JK 触发器设计制作 2 分频器。

(2) 会用 D 触发器设计制作 4 分频器。

4.2.1　任务描述与分析

分频电路可将高频信号分频成需要的计时信号和校时信号。分频器功能主要有两个：一是产生标准秒脉冲信号，二是提供功能扩展电路所需要的信号。分频器可用 JK 触发器或 D 触发器产生，也可用中规模集成计数器产生。本任务要求掌握 JK 触发器、D 触发器的功能，能利用它们进行分频电路设计。

4.2.2　相关知识

4.2.2.1　主从 JK 触发器

A　主从 JK 触发器电路结构及工作原理

RS 触发器的特性方程中有一约束条件 $SR = 0$，即在工作时，不允许输入信号 R、S 同时为 1。这一约束条件使得 RS 触发器在使用时，有时感觉不方便。如何解决这一问题呢？我们注意到，触发器的两个输出端 Q、$\overline{Q}$ 在正常工作时是互补的，即一个为 1，另一个一定为 0。因此，如果把这两个信号通过两根反馈线分别引到输入端的 G7、G8 门，就一定有一个门被封锁，这时，就不怕输入信号同时为 1 了。这就是主从 JK 触发器的构成思路。主从 JK 触发器电路结构如图 4－9 所示。

在主从 RS 触发器的基础上增加两根反馈线，一根从 Q 端引到 G7 门的输入端，一根从 $\overline{Q}$ 端引到 G8 门的输入端，并把原来的 S 端改为 J 端，把原来的 R 端改为 K 端。

B　主从 JK 触发器逻辑功能

主从 JK 触发器逻辑功能见表 4－5，与主从 RS 触发器的逻辑功能基本相同，不同之处是主从 JK 触发器没有约束条件，在 $J = K = 1$ 时，每输入一个时钟脉冲后，触发器的状态就翻转一次。

主从 JK 触发器的特性方程为：

$$Q^{n+1} = J\,\overline{Q^{n}} + \overline{K}Q^{n}$$

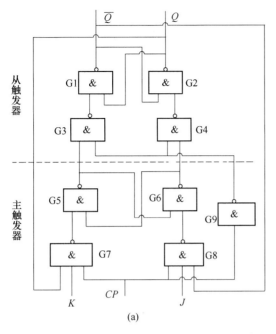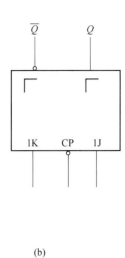

(a)　　　　　　　　　　　　　　　　(b)

图 4-9　主从 JK 触发器

（a）逻辑图；（b）逻辑符号

表 4-5　主从 JK 触发器的逻辑功能表

J	K	Q^n	Q^{n+1}	功 能 说 明
0	0	0	0	保持原状态
0	0	1	1	
0	1	0	0	置 0（复位）
0	1	1	0	
1	0	0	1	置 1（置位）
1	0	1	1	
1	1	0	1	每输入一个脉冲
1	1	1	0	输出状态翻转变化一次

主从 JK 触发器的状态转换图如图 4-10 所示。

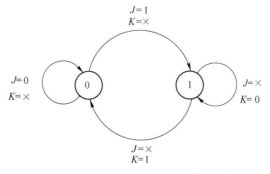

图 4-10　主从 JK 触发器的状态转换图

根据表 4 – 5 可得主从 JK 触发器的驱动表，见表 4 – 6。

表 4 – 6　主从 JK 触发器的驱动表

Q^n → Q^{n+1}		J	K
0	0	0	×
0	1	1	×
1	0	×	1
1	1	×	0

【例 4 – 1】 设主从 JK 触发器的初始状态为 0，已知输入 J、K 的波形图如图 4 – 11(a) 所示，画出输出 Q 的波形图。

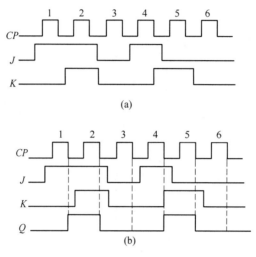

图 4 – 11　波形图
(a) J、K 的波形图；(b) Q 的波形图

解： 在画主从触发器的波形图时，应注意以下两点：

(1) 触发器的触发翻转发生在时钟脉冲的触发沿（这里是下降沿）。

(2) 在 $CP=1$ 期间，如果输入信号的状态没有改变，判断触发器次态的依据是时钟脉冲下降沿前一瞬间输入端的状态。

画图步骤：

(1) 沿 CP 下降沿作垂直向下的虚线。

(2) 根据虚线所处位置 J、K 的数值、Q 的状态，依据 JK 触发器的逻辑功能分析出 Q 的现态值。图示中第一个 CP 下降沿到来时，$J=1$，$K=0$，依据 JK 触发器的逻辑功能分析 Q 的现态值应为 1，第二个 CP 下降沿到来时，$J=1$，$K=1$，依据 JK 触发器的逻辑功能分析此时 JK 触发器 Q 应翻转，Q 的现态值由 0 翻转为 1。如此分析可得出输出 Q 的波形图如图 4 – 11(b) 所示。

4.2.2.2　D 触发器

边沿触发器不仅将触发器的触发翻转控制在 CP 触发沿到来前的一瞬间，而且将接收输入信号的时间也控制在 CP 触发沿到来的前一瞬间。因此，边沿触发器既没有空翻现象，也没有一次变化问题，大大提高了触发器工作的可靠性和抗干扰能力。

维阻 D 触发器只有一个触发输入端 D，因此，逻辑关系非常简单，见表 4 – 7。

表 4 – 7　维阻 D 触发器的逻辑功能表

D	Q^n	Q^{n+1}	功　能　说　明
0	0	0	
0	1	0	输出状态与 D 状态相同
1	0	1	
1	1	1	

维阻 D 触发器的特性方程为：

$$Q^{n+1} = D$$

维阻 D 触发器的状态转换图如图 4 – 12 所示，驱动表见表 4 – 8。

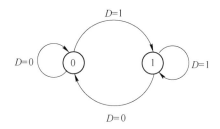

图 4 – 12　维阻 D 触发器的状态转换图

表 4 – 8　维阻 D 触发器的驱动表

$Q^n \to Q^{n+1}$		D
0	0	0
0	1	1
1	0	0
1	1	1

D 触发器的结构如图 4 – 13 所示。

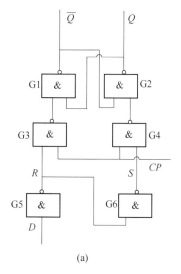

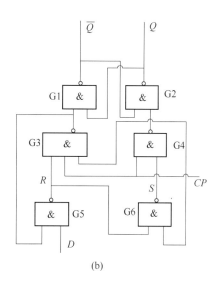

图 4 – 13　D 触发器的逻辑图

（a）同步 D 触发器；（b）维持 – 阻塞边沿 D 触发器

【例 4 – 2】维持 – 阻塞 D 触发器如图 4 – 13(b) 所示，设初始状态为 0，已知输入 D 的波形图如图 4 – 14 所示，画出输出 Q 的波形图。

解：由于是边沿触发器，在画波形图时，应注意以下两点：

（1）触发器的触发翻转发生在时钟脉冲的触发沿（这里是上升沿）。

（2）判断触发器次态的依据是时钟脉冲触发沿前一瞬间（这里是上升沿前一瞬间）输入端的状态。

根据 D 触发器的功能表或特性方程或状态转换图可画出输出端 Q 的波形图如图 4 – 14 所示。

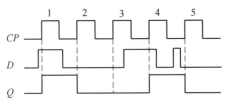

图 4 – 14 例 4 – 2 波形图

带有 R_D 和 S_D 端的维持 – 阻塞 D 触发器结构如图 4 – 15 所示。R_D 为直接置 0 端，S_D 为直接置 1 端。该电路 R_D 和 S_D 端都为低电平有效。R_D 和 S_D 信号不受时钟信号 CP 的制约，具有最高的优先级。R_D 和 S_D 的作用主要是用来给触发器设置初始状态，或对触发器的状态进行特殊的控制。在使用时要注意，任何时刻，R_D 和 S_D 只能一个信号有效，不能同时有效。

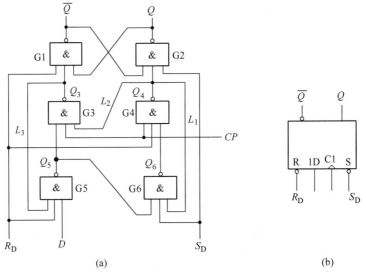

图 4 – 15 带有 R_D 和 S_D 端的维持 – 阻塞 D 触发器

（a）逻辑图；（b）逻辑符号

4.2.2.3 分频器分析

所谓分频器就是通过该电路使得单位时间内脉冲次数减少，亦即脉冲频率降低，能够使频率降低一半的电路称之为 2 分频器，能够使频率降低四分之一的电路称之为 4 分频器，依次类推。

如果将 JK 触发器的 J 和 K 相连作为 T 输入端，就构成了 T 触发器，如图 4 – 16 所示。T 触发器特性方程为：

$$Q^{n+1} = T\,\overline{Q^n} + \overline{T}Q^n$$

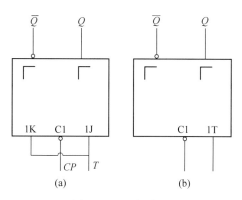

图 4 - 16　T 触发器

（a）逻辑图；（b）逻辑符号

T 触发器的功能表见表 4 - 9。

表 4 - 9　T 触发器的功能表

T	Q^n	Q^{n+1}	功 能 说 明
0	0	0	保持原状态
0	1	1	
1	0	1	每输入一个脉冲，输出状态翻转改变一次
1	1	0	

T 触发器的状态转换图如图 4 - 17 所示，驱动表见表 4 - 10。

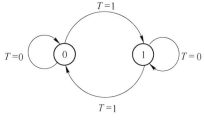

图 4 - 17　T 触发器的状态转换图

表 4 - 10　T 触发器的驱动表

$Q^n \rightarrow Q^{n+1}$		T
0	0	0
0	1	1
1	0	1
1	1	0

当 T 触发器的输入控制端为 $T = 1$ 时，则触发器每输入一个时钟脉冲 CP，状态便翻转一次，这种状态的触发器称为 T′触发器。T′触发器的特性方程为：

$$Q^{n+1} = \overline{Q^n}$$

4.2.3　知识拓展

4.2.3.1　TTL 集成主从 JK 触发器应用

TTL 集成主从 JK 触发器 74LS112 的引脚排列图和逻辑符号如图 4 - 18 所示。

74LS112 有 2 个 J 端和 2 个 K 端。使用中如有多余的输入端，应将其接高电平。该触发器带有直接置 0 端 R_D 和直接置 1 端 S_D，都为低电平有效，不用时应接高电平。74LS112 为主从型触发器，CP 下跳沿触发。

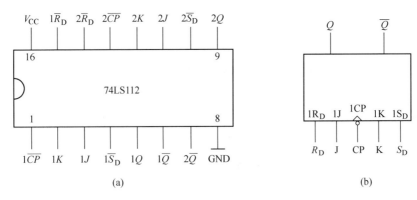

(a)　　　　　　　　　　　　　　　(b)

图 4 - 18　TTL 主从 JK 触发器 74LS112

(a) 引脚排列图；(b) 逻辑符号

74LS112 的功能表见表 4 - 11。

表 4 - 11　74LS112 的功能表

输　　　　　入					输　　出	
R_D	S_D	CP	$1J$	$1K$	Q	$\overline{Q}$
0	1	×	×	×	0	1
1	0	×	×	×	1	0
1	1	↓	0	0	Q^n	$\overline{Q^n}$
1	1	↓	1	0	1	0
1	1	↓	0	1	0	1
1	1	↓	1	1	Q^n	$\overline{Q^n}$
1	1	1	×	×		

4.2.3.2　高速 CMOS 边沿 D 触发器 74HC74

74HC74 为单输入端的双 D 触发器。一个片子里封装着两个相同的 D 触发器，每个触发器只有一个 D 端，它们都带有直接置 0 端 R_D 和直接置 1 端 S_D，为低电平有效，CP 上升沿触发。74HC74 的逻辑符号和引脚排列如图 4 - 19 所示，功能表见表 4 - 12。

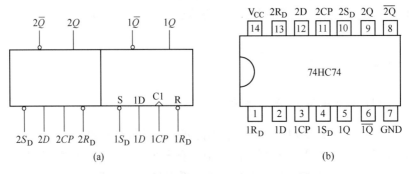

(a)　　　　　　　　　　　　　　(b)

图 4 - 19　高速 CMOS 边沿 D 触发器 74HC74

(a) 逻辑符号；(b) 引脚排列图

表 4 – 12　74HC74 的功能表

输　　入				输　　出	
R_D	S_D	CP	D	Q	$\overline{Q}$
0	1	×	×	0	1
1	0	×	×	1	0
1	1	↑	0	0	1
1	1	↑	1	1	0

任务 4.3　计数器的设计

【知识目标】

（1）掌握时序逻辑电路分析方法。

（2）熟悉集成 2 进制计数器功能。

（3）了解数码寄存器与移位寄存器功能。

【能力目标】

（1）会用集成 2 进制计数器设计 60 进制计数器。

（2）会用集成 2 进制计数器设计 24 进制计数器。

4.3.1　任务描述与分析

电子钟内设有 60 进制、24 进制计数器。60 进制计数器功能主要有两个：一是进行秒计数，二是进行分计数。24 进制计数器功能是进行小时计数。本任务介绍时序逻辑电路的一般分析方法，要求掌握集成计数器的正确使用方法，能将 10 进制计数器设计成任意进制计数器，达到计数目的。

4.3.2　相关知识

4.3.2.1　时序逻辑电路的特点与分析

从结构上来说，时序逻辑电路有两个特点：

（1）时序逻辑电路往往包含组合电路和存储电路两部分，而存储电路是必不可少的。

（2）存储电路输出的状态必须反馈到输入端，与输入信号一起共同决定组合电路输出。

时序电路的逻辑功能除了用状态方程、输出方程和驱动方程等方程式表示之外，还可以用状态表、状态图、时序图等形式来表示。它们之间是可以相互转换的。

根据已知的时序逻辑电路图，从中找出状态转换及输出变化的规律，从而说明电路功能，这个过程称为时序电路的分析。

4.3.2.2　时序逻辑电路的一般分析步骤

（1）确定电路类型是同步还是异步。
（2）写出电路的输出方程和驱动方程，如果异步时序电路还要写出时钟方程。
（3）将各触发器的驱动方程代入特性方程，得到各状态方程的表达式。
（4）根据次态方程、输出方程列出状态转移表和状态图。
（5）说明电路的逻辑功能。下面举例说明时序逻辑电路的具体分析方法。

4.3.2.3　同步时序逻辑电路的分析举例

【例 4 - 3】 试分析图 4 - 20 所示同步时序逻辑电路的逻辑功能。输入端悬空相当于逻辑 1 状态。

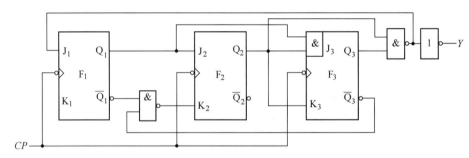

图 4 - 20　同步时序逻辑电路

解：（1）根据给定的逻辑图写出驱动方程。

$$\begin{cases} J_1 = \overline{Q_2^n Q_3^n}, \ K_1 = 1 \\ J_2 = Q_1^n, \ K_2 = \overline{\overline{Q_1^n} \ \overline{Q_3^n}} \\ J_3 = Q_1^n Q_2^n, \ K_3 = Q_2^n \end{cases}$$

（2）将驱动方程代入触发器的特性方程 $Q^{n+1} = J \overline{Q^n} + \overline{K} Q^n$ 中，得到电路的状态方程。

$$\begin{cases} Q_1^{n+1} = \overline{Q_2^n Q_3^n} \ \overline{Q_1^n} \\ Q_2^{n+1} = Q_1^n \ \overline{Q_2^n} + \overline{Q_1^n} \ \overline{Q_3^n} Q_2^n \\ Q_3^{n+1} = Q_1^n Q_2^n \ \overline{Q_3^n} + \overline{Q_2^n} Q_3^n \end{cases}$$

（3）由逻辑图直接写出输出方程。

$$Y = Q_2^n Q_3^n$$

（4）进行状态计算，列状态转换表。由电路的初始状态 $Q_3^n Q_2^n Q_1^n = 000$，可得次态和新的输出值，而这个次态又作为下一个 CP 到来前的现态，这样依次进行，可得表 4 - 13。

表 4 - 13　例 4 - 3 电路的状态转换表

CP 的顺序	现态 $Q_3^n Q_2^n Q_1^n$	次态 $Q_3^{n+1} Q_2^{n+1} Q_1^{n+1}$	输出 Y
0	000	001	0
1	001	010	0

CP 的顺序	现 态	次 态	输出 Y
	$Q_3^n Q_2^n Q_1^n$	$Q_3^{n+1} Q_2^{n+1} Q_1^{n+1}$	
2	010	011	0
3	011	100	0
4	100	101	0
5	101	110	0
6	110	000	1
7	000	001	0
0	111	000	1
1	000	001	0

通过计算发现当 $Q_3^n Q_2^n Q_1^n = 110$ 时，其次态 $Q_3^{n+1} Q_2^{n+1} Q_1^{n+1} = 000$，返回到最初设定的状态，可见电路在七个状态中循环，它有对时钟信号进行计数的功能，计数容量为 7，即 $N = 7$，可称其为 7 进制计数器，又因其是递增计数，故称为 7 进制加法计数器。

此外，三个触发器的输出应有八种状态组合，而进入循环的是七种，缺少了 111 这个状态，所以，可以设初态为 111。经计算，111 经过一个 CP 就可转换为 000，进入循环。这说明，如果处于无效状态 111，该电路能够自动进入有效状态，故称为具有自启动能力的电路。此电路的状态转换图和时序图如图 4 – 21 和图 4 – 22 所示。

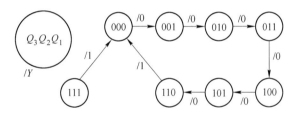

图 4 – 21 电路的状态转换图

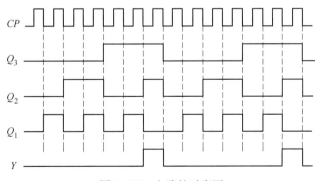

图 4 – 22 电路的时序图

4.3.2.4 集成 2 进制计数器

A 4 位 2 进制同步加法计数器 74160

74160 的功能表见表 4 – 14，时序图如图 4 – 23 所示。

表 4 – 14　74160 的功能表

清零	预置	使能		时钟	预置数据输入				输　出				工作模式
R_D	LD	EP	ET	CP	D_3	D_2	D_1	D_0	Q_3	Q_2	Q_1	Q_0	
0	×	×	×	×	×	×	×	×	0	0	0	0	异步清零
1	0	×	×	↑	d_3	d_2	d_1	d_0	d_3	d_2	d_1	d_0	同步置数
1	1	0	×	×	×	×	×	×	保		持		数据保持
1	1	×	0	×	×	×	×	×	保		持		数据保持
1	1	1	1	↑	×	×	×	×	计		数		加法计数

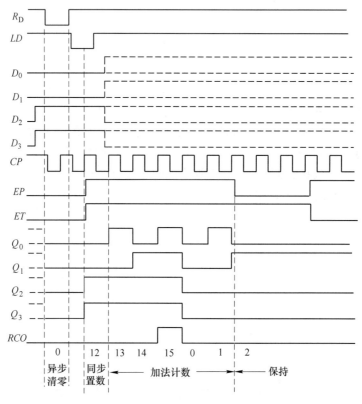

图 4 – 23　74160 的时序图

由表 4 – 14 和图 4 – 23 可知，74160 具有以下功能：

（1）异步清零。当 $R_D = 0$ 时，不管其他输入端的状态如何，不论有无时钟脉冲 CP，计数器输出将被直接置零（$Q_3Q_2Q_1Q_0 = 0000$），称为异步清零。

（2）同步并行预置数。当 $R_D = 1$、$LD = 0$ 时，在输入时钟脉冲 CP 上升沿的作用下，并行输入端的数据 $d_3d_2d_1d_0$ 被置入计数器的输出端，即 $Q_3Q_2Q_1Q_0 = d_3d_2d_1d_0$。由于这个操作要与 CP 上升沿同步，所以称为同步预置数。

（3）计数。当 $R_D = LD = EP = ET = 1$ 时，在 CP 端输入计数脉冲，计数器进行 2 进制加法计数。

（4）保持。当 $R_D = LD = 1$，且 $EP \cdot ET = 0$，即两个使能端中有 0 时，则计数器保持原来的状态不变。这时，如 $EP = 0$、$ET = 1$，则进位输出信号 RCO 保持不变；如 $ET = 0$，则

不管 EP 状态如何，进位输出信号 RCO 为低电平 0。

B　4 位 2 进制同步可逆计数器 74LS191

图 4-24(a) 是集成 4 位 2 进制同步可逆计数器 74191 的逻辑功能示意图，图 4-24(b) 是其引脚排列图。图中 LD 是异步预置数控制端，D_3、D_2、D_1、D_0 是预置数据输入端；EN 是使能端，低电平有效；D/$\overline{U}$ 是加/减控制端，为 0 时作加法计数，为 1 时作减法计数；MAX/MIN 是最大/最小输出端，RCO 是进位/借位输出端。

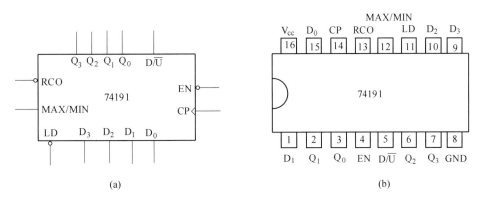

图 4-24　74191 的逻辑功能示意图及引脚图
(a) 逻辑功能示意图；(b) 引脚图

表 4-15 是 74191 的功能表。由表可知，74191 具有以下功能：

表 4-15　74191 的功能表

预置	使能	加/减控制	时钟	预置数据输入				输　出				工作模式
LD	EN	$D/\overline{U}$	CP	D_3	D_2	D_1	D_0	Q_3	Q_2	Q_1	Q_0	
0	×	×	×	d_3	d_2	d_1	d_0	d_3	d_2	d_1	d_0	异步置数
1	1	×	×	×	×	×	×	保　　持				数据保持
1	0	0	↑	×	×	×	×	加法计数				加法计数
1	0	1	↑	×	×	×	×	减法计数				减法计数

（1）异步置数。当 $LD=0$ 时，不管其他输入端的状态如何，不论有无时钟脉冲 CP，并行输入端的数据 $d_3d_2d_1d_0$ 被直接置入计数器的输出端，即 $Q_3Q_2Q_1Q_0=d_3d_2d_1d_0$。由于该操作不受 CP 控制，所以称为异步置数。注意该计数器无清零端，需清零时可用预置数的方法置零。

（2）保持。当 $LD=1$ 且 $EN=1$ 时，计数器保持原来的状态不变。

（3）计数。当 $LD=1$ 且 $EN=0$ 时，在 CP 端输入计数脉冲，计数器进行 2 进制计数。当 D/$\overline{U}=0$ 时作加法计数；当 D/$\overline{U}=1$ 时作减法计数。

另外，该电路还有最大/最小控制端 MAX/MIN 和进位/借位输出端 RCO。它们的逻辑表达式为：

$$\text{MAX/MIN} = (D/\overline{U}) \cdot Q_3Q_2Q_1Q_0 + \overline{\overline{D/\overline{U}}} \cdot \overline{Q_3}\,\overline{Q_2}\,\overline{Q_1}\,\overline{Q_0}$$

$$RCO = \overline{\overline{EN} \cdot \overline{CP} \cdot \text{MAX/MIN}}$$

即当加法计数，计到最大值 1111 时，MAX/MIN 端输出 1，如果此时 $CP=0$，则 RCO

=0，发一个进位信号；当减法计数，计到最小值 0000 时，MAX/MIN 端也输出 1，如果此时 $CP=0$，则 $RCO=0$，发一个借位信号。

4.3.2.5　集成计数器的应用

A　组成任意进制计数器

市场上能买到的集成计数器一般为 2 进制和 8421BCD 码 10 进制计数器，如果需要其他进制的计数器，可用现有的 2 进制或 10 进制计数器，利用其清零端或预置数端，外加适当的门电路连接而成。

（1）异步清零法。此法适用于具有异步清零端的集成计数器。图 4-25 所示是用集成计数器 74161 和与非门组成的 6 进制计数器。

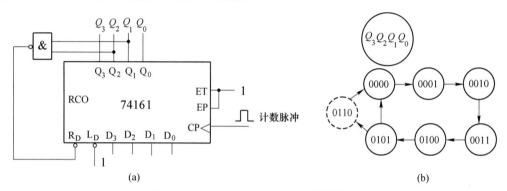

图 4-25　异步清零法组成 6 进制计数器
（a）接线图；（b）状态转换图

（2）同步清零法。此法适用于具有同步清零端的集成计数器。图 4-26 所示是用集成计数器 74163 和与非门组成的 6 进制计数器。

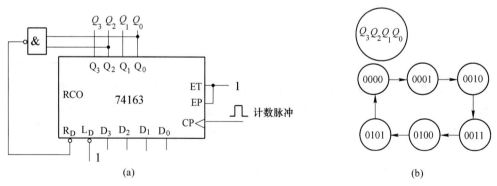

图 4-26　同步清零法组成 6 进制计数器
（a）接线图；（b）状态转换图

（3）异步预置数法。此法适用于具有异步预置端的集成计数器。图 4-27 所示是用集成计数器 74191 和与非门组成的 10 进制计数器。该电路的有效状态是 0011~1100，共 10 个状态，可作为余 3 码计数器。

（4）同步预置数法。此法适用于具有同步预置端的集成计数器。图 4-28 所示是用集成计数器 74160 和与非门组成的 7 进制计数器。

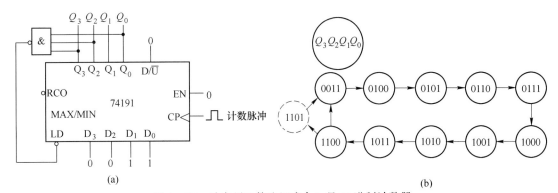

图 4 – 27　异步预置数法组成余 3 码 10 进制计数器

（a）接线图；（b）状态转换图

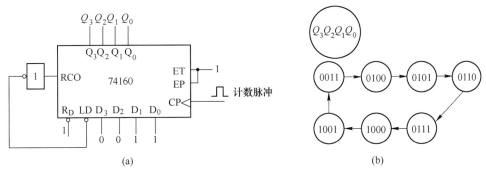

图 4 – 28　同步预置数法组成 7 进制计数器

（a）接线图；（b）状态转换图

综上所述，改变集成计数器的模可用清零法，也可用预置数法。清零法比较简单，预置数法比较灵活。但不管用哪种方法，都应首先搞清所用集成组件的清零端或预置端是异步还是同步工作方式，根据不同的工作方式选择合适的清零信号或预置信号。

B　计数器的级联

两个模 N 计数器级联，可实现 $N \times N$ 的计数器。

（1）同步级联。图 4 – 29 所示是用两片 4 位 2 进制加法计数器 74161 采用同步级联方式构成的 8 位 2 进制同步加法计数器，模为 $16 \times 16 = 256$。

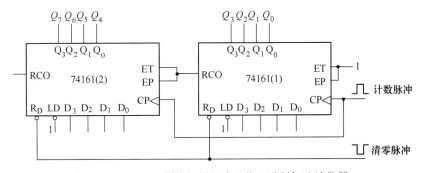

图 4 – 29　74161 同步级联组成 8 位 2 进制加法计数器

（2）异步级联。用两片 74191 采用异步级联方式构成的 8 位 2 进制异步可逆计数器如图 4 – 30 所示。

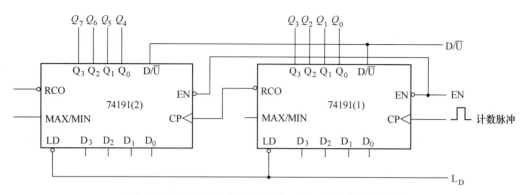

图 4 – 30　74191 异步级联组成 8 位 2 进制可逆计数器

有的集成计数器没有进位/借位输出端,这时可根据具体情况,用计数器的输出信号 Q_3、Q_2、Q_1、Q_0 产生一个进位/借位。如用两片 2 – 5 – 10 进制异步加法计数器 74290 采用异步级联方式组成的二位 8421BCD 码 10 进制加法计数器如图 4 – 31 所示,模为 $10 \times 10 = 100$。

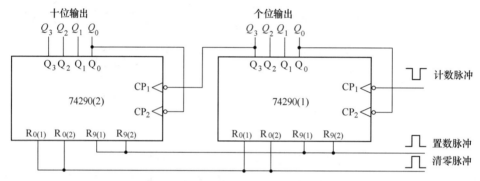

图 4 – 31　74290 异步级联组成 100 进制计数器

【例 4 – 4】用 74160 组成 48 进制计数器。

解: 因为 $N = 48$,而 74160 为模 10 计数器,所以要用两片 74160 构成此计数器。

先将两芯片采用同步级联方式连接成 100 进制计数器,然后再借助 74160 异步清零功能,在输入第 48 个计数脉冲后,计数器输出状态为 01001000 时,高位片(2)的 Q_2 和低位片(1)的 Q_3 同时为 1,使与非门输出 0,加到两芯片异步清零端上,使计数器立即返回 00000000 状态,状态 01001000 仅在极短的瞬间出现,为过渡状态。这样,就组成了 48 进制计数器,其逻辑电路如图 4 – 32 所示。

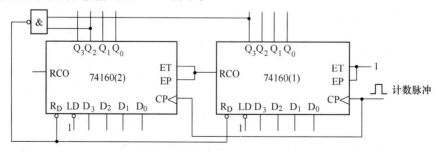

图 4 – 32　例 4 – 4 的逻辑电路图

4.3.3　知识拓展

4.3.3.1　数码寄存器

数码寄存器是存储 2 进制数码的时序电路组件，它具有接收和寄存 2 进制数码的逻辑功能。前面介绍的各种集成触发器，就是一种可以存储一位 2 进制数的寄存器，用 n 个触发器就可以存储 n 位 2 进制数。

图 4-33 所示是 4 位集成寄存器 74LS175 的逻辑电路图。其中，CLEAR 是异步清零控制端。$D_1 \sim D_4$ 是并行数据输入端，CLOCK 为时钟脉冲端，$Q_1 \sim Q_4$ 是并行数据输出端。

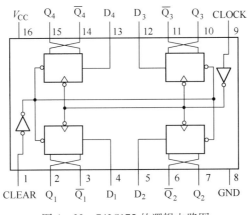

图 4-33　74LS175 的逻辑电路图

该电路的数码接收过程为：将需要存储的四位 2 进制数码送到数据输入端 $D_0 \sim D_3$，在 CP 端送一个时钟脉冲，脉冲上升沿作用后，四位数码并行地出现在四个触发器 Q 端。

74LS175 的功能见表 4-16 中。

表 4-16　74LS175 的功能表

清零	时钟	输　入				输　出				工作模式
R_D	CP	D_1	D_2	D_3	D_4	Q_1	Q_2	Q_3	Q_4	
0	×	×	×	×	×	0	0	0	0	异步清零
1	↑	d_1	d_2	d_3	d_4	d_1	d_2	d_3	d_4	数码寄存
1	1	×	×	×	×	保　持				数据保持
1	0	×	×	×	×	保　持				数据保持

4.3.3.2　移位寄存器

移位寄存器不但可以寄存数码，而且在移位脉冲作用下，寄存器中的数码可根据需要向左或向右移动 1 位。移位寄存器也是数字系统和计算机中应用很广泛的基本逻辑部件。

A　单向移位寄存器

（1）4 位右移寄存器。由 D 触发器组成的 4 位右移寄存器结构如图 4-34 所示。

设移位寄存器的初始状态为 0000，串行输入数码 $D_1 = 1101$，从高位到低位依次输入。

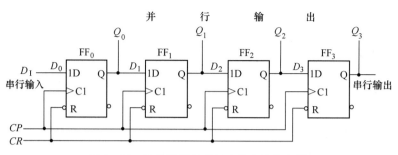

图 4-34　D 触发器组成的 4 位右移寄存器

在 4 个移位脉冲作用后，输入的 4 位串行数码 1101 全部存入了寄存器中。电路的状态见表 4-17，时序图如图 4-35 所示。

表 4-17　右移寄存器的状态表

移位脉冲	输入数码	输　　　出			
CP	D_I	Q_0	Q_1	Q_2	Q_3
0		0	0	0	0
1	1	1	0	0	0
2	1	1	1	0	0
3	0	0	1	1	0
4	1	1	0	1	1

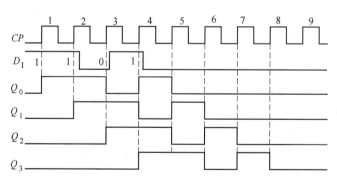

图 4-35　电路的时序图

移位寄存器中的数码可由 Q_3、Q_2、Q_1 和 Q_0 并行输出，也可从 Q_3 串行输出。串行输出时，要继续输入 4 个移位脉冲，才能将寄存器中存放的 4 位数码 1101 依次输出。图 4-35 中第 5~8 个 CP 脉冲及所对应的 Q_3、Q_2、Q_1、Q_0 波形，就是将 4 位数码 1101 串行输出的过程。所以，移位寄存器具有串行输入-并行输出和串行输入-串行输出两种工作方式。

（2）左移寄存器。由 D 触发器组成的 4 位左移寄存器结构如图 4-36 所示。

B　双向移位寄存器

将右移寄存器和左移寄存器组合起来，并引入一控制端 S 便构成既可左移又可右移的双向移位寄存器，如图 4-37 所示。

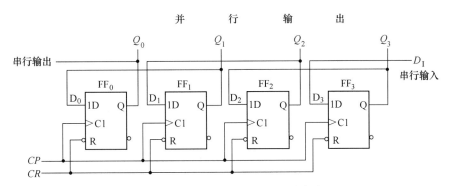

图 4 – 36 D 触发器组成的 4 位左移寄存器

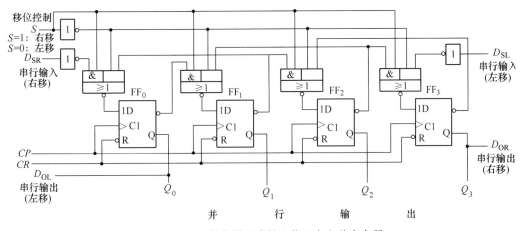

图 4 – 37 D 触发器组成的 4 位双向左移寄存器

由图可知该电路的驱动方程为：

$$D_0 = \overline{S\,\overline{D_{SR}} + \overline{S}\,\overline{Q_1}}$$
$$D_1 = \overline{S\,\overline{Q_0} + \overline{S}\,\overline{Q_2}}$$
$$D_2 = \overline{S\,\overline{Q_1} + \overline{S}\,\overline{Q_3}}$$
$$D_3 = \overline{S\,\overline{Q_2} + \overline{S}\,\overline{D_{SL}}}$$

其中，D_{SR} 为右移串行输入端，D_{SL} 为左移串行输入端。当 $S = 1$ 时，$D_0 = D_{SR}$、$D_1 = Q_0$、$D_2 = Q_1$、$D_3 = Q_2$，在 CP 脉冲作用下，实现右移操作；当 $S = 0$ 时，$D_0 = Q_1$、$D_1 = Q_2$、$D_2 = Q_3$、$D_3 = D_{SL}$，在 CP 脉冲作用下，实现左移操作。

C 集成移位寄存器 74LS194

集成 74LS194 是由四个触发器组成的功能很强的四位移位寄存器，其逻辑功能和引脚图如图 4 – 38 所示。

（1）异步清零。当 $R_D = 0$ 时即刻清零，与其他输入状态及 CP 无关。

（2）S_1、S_0 是控制输入。当 $R_D = 1$ 时 74LS194 有如下 4 种工作方式：

1）当 $S_1 S_0 = 00$ 时，不论有无 CP 到来，各触发器状态不变，为保持工作状态。

2）当 $S_1 S_0 = 01$ 时，在 CP 的上升沿作用下，实现右移（上移）操作，流向是 $D_{SR} \rightarrow Q_0 \rightarrow Q_1 \rightarrow Q_2 \rightarrow Q_3$。

3）当 $S_1 S_0 = 10$ 时，在 CP 的上升沿作用下，实现左移（下移）操作，流向是 $D_{SL} \rightarrow Q_3 \rightarrow Q_2 \rightarrow Q_1 \rightarrow Q_0$。

4）当 $S_1 S_0 = 11$ 时，在 CP 的上升沿作用下，实现置数操作：$D_0 \rightarrow Q_0$，$D_1 \rightarrow Q_1$，$D_2 \rightarrow Q_2$，$D_3 \rightarrow Q_3$。

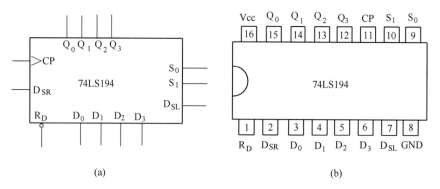

(a)　　　　　　　　　　　　　　　(b)

图 4-38　集成移位寄存器 74LS194

（a）逻辑功能示意图；（b）引脚图

图 4-38 中，D_{SL} 和 D_{SR} 分别是左移和右移串行输入端，D_0、D_1、D_2 和 D_3 是并行输入端。Q_0 和 Q_3 分别是左移和右移时的串行输出端，Q_0、Q_1、Q_2 和 Q_3 为并行输出端。74LS194 的功能见表 4-18。

表 4-18　74LS194 的功能表

输　入									输　出				工作模式
清零	控制		串行输入		时钟	并行输入				输　出				
R_D	S_1	S_0	D_{SL}	D_{SR}	CP	D_0	D_1	D_2	D_3	Q_0	Q_1	Q_2	Q_3	
0	×	×	×	×	×	×	×	×	×	0	0	0	0	异步清零
1	0	0	×	×	×	×	×	×	×	Q_0^n	Q_1^n	Q_2^n	Q_3^n	保持
1	0	1	×	1	↑	×	×	×	×	1	Q_0^n	Q_1^n	Q_2^n	右移，D_{SR} 为串行输入，Q_3 为串行输出
1	0	1	×	0	↑	×	×	×	×	0	Q_0^n	Q_1^n	Q_2^n	
1	1	0	1	×	↑	×	×	×	×	Q_1^n	Q_2^n	Q_3^n	1	左移，D_{SL} 为串行输入，Q_0 为串行输出
1	1	0	0	×	↑	×	×	×	×	Q_1^n	Q_2^n	Q_3^n	0	
1	1	1	×	×	↑	D_0	D_1	D_2	D_3	D_0	D_1	D_2	D_3	并行置数

任务 4.4　555 定时电路及其应用

【知识目标】

熟悉 555 定时电路的工作原理。

【能力目标】

（1）掌握 555 集成块的外部管脚功能。

（2）能利用 555 集成电路设计各种应用电路。

4.4.1 任务描述与分析

555 定时电路是一种中规模集成定时器（也称 555 时基电路）。它具有功能强、使用灵活、适用范围宽等特点，通常只要外接几个阻容元件，就可以构成各种不同用途的脉冲电路，因此，应用十分广泛。

在学习本任务内容时，首先要搞清楚 555 定时电路的内部电路结构及工作原理，这有利于理解其应用电路；其次要掌握其外部各管脚的功能，能够根据需要构成各种应用电路。

4.4.2 相关知识

4.4.2.1 555 定时电路的电路结构

555 定时电路可以是 TTL 型的，也可以是 COMS 型的。这里仅以 TTL 集成定时器为例做介绍，如图 4 - 39 所示。

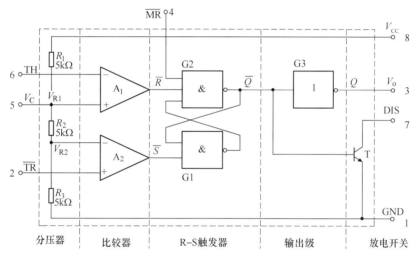

图 4 - 39 555 定时器电路原理图

由图 4 - 39 可知，该电路是由下列几部分组成的：由 A_1、A_2 组成的电压比较器；由 G1、G2 组成的基本 RS 触发器以及由 G3 和 NPN 型集电极开路输出的放电三极管 T 等组成的输出级和放电开关。其中电压比较器的分压偏置电阻采用了三个阻值相同的 5kΩ 电阻，所以电路因此特征而被命名为 "555 定时电路"。

电路中，第一个 5kΩ 电阻 R_3 将比较器 A_2 的反相输入端 V_{R2} 偏置于 $\frac{1}{3}V_{CC}$，第二个 5kΩ 电阻 R_2 将比较器 A_1 的同相输入端 V_{R1} 偏置于 $\frac{2}{3}V_{CC}$，它们分别作为比较器的比较电压基准。和两个电压基准相对应，比较器有两个输入端，一个是 A_2 的同相输入端 $\overline{TR}$，另一个是 A_1 的反相输入端 TH。还有一个控制端 V_C，若该端接固定电压 V_C，则 V_{R1} 被偏置于 V_C，V_{R2} 被偏置于 $\frac{1}{2}V_{CC}$。

在两个电压比较器中，第一个电压比较器 A_2 的基准电压 V_{R2} 为 $\frac{1}{3}V_{CC}$，称为阈值电平。

使输入电压 V_i 和阈值电平 V_{R2} 进行比较：当 $V_i > V_{R2}$ 时，A_2 输出高电平（$\bar{S} = 1$）；当 $V_i < V_{R2}$ 时，A_2 输出低电平（$\bar{S} = 0$）。

第二个电压比较器 A_1 的基准电压 V_{R1} 为 $\frac{2}{3} V_{CC}$，称为触发电平。使输入电压 V_i 和触发电平 V_{R1} 进行比较：当 $V_i > V_{R1}$ 时，A_1 输出低电平（$\bar{R} = 0$）；当 $V_i < V_{R1}$ 时，A_1 输出高电平（$\bar{R} = 1$）。

我们知道，基本 RS 触发器要求低电平触发。图 4 - 39 中 G1 的输入端接 $\bar{S}$ 端，为置 1 输入端，G2 的输入端接 $\bar{R}$，为置 0 输入端。当 $\bar{R} = 0$，$\bar{S} = 1$ 时，$Q = 0$；当 $\bar{R} = 1$，$\bar{S} = 0$ 时，$Q = 1$。

为了提高电路的带负载能力，在电路的输出端设置了缓冲级 G3，而输出缓冲级是连接到 RS 触发器的 $\bar{Q}$ 端的，这样连接从逻辑关系上讲，等于是直接从 Q 端输出的。

另外，为了直接置 0，触发器还设有一个直接置 0 端 $\overline{MR}$，只要在 $\overline{MR}$ 端加低电平，不管触发器原处于什么状态，也不管它的输入端加有何种信号，触发器立即置 0，使 $Q = 0$。所以 $\overline{MR}$ 称为总复位端。

555 电路在使用中一般总是和外接电容的充放电有关，因此在电路中设置了放电开关 T。这样，当 RS 触发器置 0 时，T 导通，为外接电容提供了一个接地放电回路，以便为下一个工作循环做准备。

4.4.2.2　555 定时电路的用途

A　用作双稳态触发器

双稳态触发器（R - S）是一种有两个输入端和两个输出端的电路，它的输出端有两个稳定状态，而两个输出端 Q 和 $\bar{Q}$ 总是处于相反状态的。这种输出状态是由输入状态、输出原来的状态和触发器自身的性能来决定的。

对于 555 电路来说，按照它的逻辑功能完全可以等效于一个 RS 触发器，如图 4 - 40 所示。只不过它是一个特殊的 RS 触发器，它有两个输入端 TH（R）和 $\overline{TR}$（$\bar{S}$），只有一个

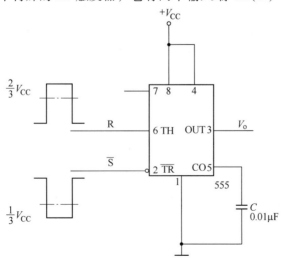

图 4 - 40　555 定时器构成的双稳态触发器

输出端 $V_o(Q)$ 端而没有 $\overline{Q}$ 端。因为一个 Q 端就能解决和负载的连接以及说明触发器的状态，所以省略了 $\overline{Q}$ 端。

这个特殊的 RS 触发器的特殊之处有二：一是它的两个输入端对触发电平的极性要求不同，R 端要求高电平，而 $\overline{S}$ 端要求低电平，从图上看，要求低电平触发的一端 $\overline{S}$，带一个小圈；二是两个输入端的阈值电平 V_T 不同，R 端为 $\frac{2}{3}V_{CC}$，即对 R 端来说，$V_R \geqslant \frac{2}{3}V_{CC}$ 是高电平 1，而 $V_R < \frac{2}{3}V_{CC}$ 则是低电平；对 $\overline{S}$ 端来说阈值电平为 $\frac{1}{3}V_{CC}$，即 $V_{\overline{S}} \leqslant \frac{1}{3}V_{CC}$ 是低电平 0，$V_{\overline{S}} > \frac{1}{3}V_{CC}$ 是高电平 1。

该触发器的功能见表 4 - 19。由表可见，它的四种输入组合中有一种组合会使输出处于不定状态（即 Q_n），这是不允许的。为了解决这个问题，在 555 电路内从结构工艺上采取了措施，使两个比较器在翻转速度上，下比较器 A_2 比上比较器 A_1 翻转较快，从而清除了这种不定状态。这样，即使输入端为 $R=1$，$\overline{S}=0$，输出仍为高电平 1。也就是说只要 $\overline{S}$ 端加上所要求的低电平 0，不管 R 是什么状态，触发器都被置成 1。从这个意义是讲，$\overline{S}$ 端优先于 R 端，如果拿 R 端、$\overline{S}$ 端和复位端 $\overline{MR}$ 比较，只要 $\overline{MR}=0$，触发器就一定为 0 输出，这就是说 $\overline{MR}$ 又优先于 $\overline{S}$ 端和 R 端。

表 4 - 19　555 构成的双稳态触发器功能表

$\overline{MR}$	R	$\overline{S}$	Q
1	1	1	0
	0	1	Q_n
	×	0	1
0	×	×	0

B　用作施密特触发器

施密特触发器是一种特殊类型的触发器，它用正反馈技术加速电平转换，同时产生回差效果。回差表示正向输入信号的开关阈值大于反向输入信号的开关阈值。施密特触发器可将缓慢变化的信号波形转换为急剧变化、无抖动的输出信号，把缓慢上升和下降的时钟边沿转换为垂直边沿。

555 电路中的两个电压比较器 A_1 和 A_2，它们的参考电压不同，其中 A_1 为 $\frac{2}{3}V_{CC}$，A_2 为 $\frac{1}{3}V_{CC}$。因此，基本 RS 触发器的置 0 电平和置 1 电平必然是在不同输入信号电平下发生。这就使电路的输出 V_o 由高变低和由低变高所对应的输入电压值也不相同。利用这一特性，将它的两个输入端 TH 和 $\overline{TR}$ 相连作为总输入端便可得到施密特触发器，如图 4 - 41 (a) 所示。为了提高比较器的参考电压 V_{R1} 和 V_{R2} 的稳定性，通常在 V_C 端（5 脚）接入 0.01μF 的滤波电容。

在输入电压 V_i 从 0 升高的过程中：当 $V_i < \frac{1}{3}V_{CC}$ 时，$\overline{R}=1$，$\overline{S}=0$，故 $V_o=V_{OH}$；当 $\frac{1}{3}V_{CC} <$

$V_i < \frac{2}{3}V_{CC}$时，$\overline{R} = 1$，$\overline{S} = 1$，故 $V_o = V_{OH}$不变；当 $V_i \geqslant \frac{2}{3}V_{CC}$后，$\overline{R} = 0$，$\overline{S} = 1$，故 $V_o = V_{OL}$，

输出变为低电平，因此$\frac{2}{3}V_{CC}$是它的接通电位 V_{T+}，如图 4 –41(b) 所示。

再分析输入电压 V_i 从高于$\frac{2}{3}V_{CC}$开始下降的过程：当$\frac{1}{3}V_{CC} < V_i < \frac{2}{3}V_{CC}$时，$\overline{R} = 1$，$\overline{S} = 1$，故 $V_o = V_{OL}$不变；当 $V_i < \frac{1}{3}V_{CC}$后，$\overline{R} = 1$，$\overline{S} = 0$，故 $V_o = V_{OH}$，输出变为高电平，因此$\frac{1}{3}V_{CC}$是它的断开电位 V_{T-}，如图 4 –41(c) 所示。

图 4 –41(d) 为该施密特触发器的电压传输特性，回差电压 $\Delta V_T = \frac{2}{3}V_{CC} - \frac{1}{3}V_{CC} = \frac{1}{3}V_{CC}$。

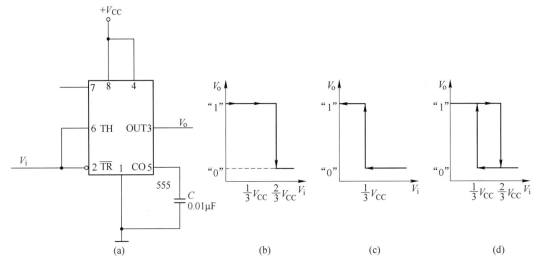

图 4 –41　555 定时器构成的施密特触发器

C　用作单稳态触发器

由于单稳态电路总是和 RC 定时电路联系在一起的，如果把 555 电路看作是一个特殊的 RS 触发器，把它的阈值端 TH 当作触发器的 R（置 0）端，把触发器 $\overline{TR}$当作 S（置 1）端。用这个特殊的 RS 触发器和 RC 电路便组成了单稳态触发器。

555 电路的阈值端 TH 要求$\frac{2}{3}V_{CC}$的正向触发，触发端 $\overline{TR}$要求$\frac{1}{3}V_{CC}$的负向触发。取该触发器的两种状态中的一种作为电路的稳态，然后用脉冲去触发这个电路，使它从原来的稳态进入暂稳态。与此同时，定时电容 C_T 开始充电，待电容上的充电电压达到阈值电压时，触发器翻转回到稳态。从暂稳态开始到完全恢复稳态这段时间称为暂稳态时间。

由 555 电路组成的单稳态触发器，它的稳态输出可以是高电平，也可以是低电平，这完全可根据电路的要求来确定。

如图 4 –42 所示是由 555 电路组成的单稳态触发器，它采用负向脉冲通过触发端 $\overline{TR}$来触发电路。电路中，R_T、C_T 组成 RC 定时电路。放电端 7 脚和阈值端 TH 连接在一起，

接到定时电容 C_T 的上端。其目的是在电路由暂稳态转入稳态后，为定时电容 C_T 提供快速放电的通路。

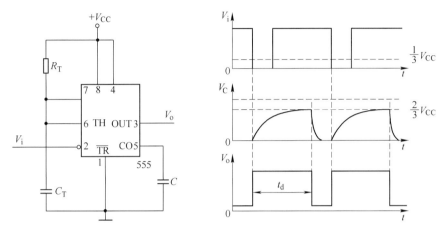

图 4 – 42 555 定时器构成的单稳态触发器

稳态时，在接通电源后，因触发端 $\overline{\text{TR}}(\overline{S})$ 在平时接高电平，对该触发器而言相当于 $\overline{S}=1$，所以它的输出被置于 0，$V_o=0$。这时内部放电管 T 导通使 7 脚接地，定时电容 C_T 通过 T 放电使 $V_{CT}=0$。与此同时，触发器的阈值端 TH(R) 因 $V_{CT}=0$ 也处于 0 电平，所以其输出 $V_o=0$，也就是说，在稳态时电路输出为低电平。

当向触发端 $\overline{\text{TR}}(\overline{S})$ 输入负向脉冲，而且脉冲幅度低于 $\frac{1}{3}V_{cc}$，使 $\overline{S}=0$ 时，电路翻转，输出由低电平变为高电平，$V_o=1$。内部放电管 T 截止，断开 C_T 放电回路，使 C_T 转入充电过程。电源 V_{cc} 通过 R_T 向 C_T 充电，暂稳态开始。

经过时间 t_d 后，电容 C_T 上的电压上升到 $\frac{2}{3}V_{cc}$，使它的输入 $R=1$，于是电路又翻转回到原来的稳态，使 $V_o=0$。这时放电管 T 重新导通，C_T 上的电荷通过放电管迅速泄放，使 $V_{CT}=0$，为下一次向暂稳态转化做好准备。

从定时电容 C_T 开始充电到充电电压达到 $\frac{2}{3}V_{cc}$ 所需时间，就是暂稳态时间 t_d，通过分析与计算：$t_d=1.1R_TC_T$。

这种单稳态触发器有以下特点：

（1）只要触发脉冲的幅度低于 $\frac{1}{3}V_{cc}$，电路就能被触发而翻转。暂稳时间 t_d 只和时间常数 R_TC_T 有关，而与触发脉冲宽度、幅度无关，改变 R_T、C_T 的值，就可调整暂稳时间 t_d。

（2）外加脉冲使电路翻转后进入暂稳态，经过时间 t_d 后自动返回到稳态。在暂稳时间 t_d 内，如果再出现触发脉冲，对电路不起触发作用。

D 用作多谐振荡器

用 555 电路按图 4 – 43 进行连接，即得多谐振荡器。

接通电源时，电容 C 由电源 V_{cc} 经电阻 R_1、R_2 进行充电，其电压 V_c 上升，当 $V_c=\frac{2}{3}V_{cc}$

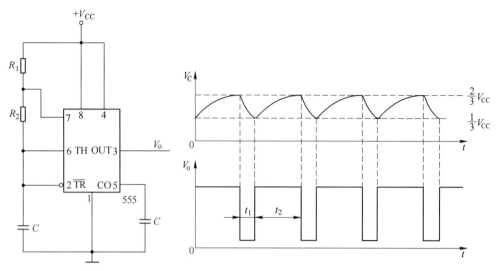

图 4-43　555 定时器构成的多谐振荡器

时，RS 触发器被复位置 0，$Q=0$，$\overline{Q}=1$，输出为低电平，$V_o=0$。与此同时，放电管 T 导通，电容 C 充电结束，电路开始进入一个暂稳态。

随着放电管 T 的导通，电容 C 通过 R_2 和电路内的导通管至地间放电。当放电使 $V_c=\frac{1}{3}V_{CC}$ 时，RS 触发器被置位 1，$Q=1$，$\overline{Q}=0$，电路翻转，输出变为高电平，$V_o=1$，与此同时，放电管 T 截止，电容 C 放电结束，电路开始进入到另一个暂稳态。这时电源 V_{CC} 又通过 R_1、R_2 向电容 C 充电。电路不断重复上述过程，便形成了振荡。

电路在每次翻转后的充、放电过程就是它的暂稳态时间，两个暂稳态时间分别为电容 C 的充电时间常数 t_1 和放电时间常数 t_2。

$$t_1 = 0.7R_2C$$
$$t_2 = 0.7(R_1+R_2)C$$

振荡周期　　　　　　　　　　　$T = t_1 + t_2$

振荡频率　　　　　　　　　　　$f = 1/T$

改变 R_1、R_2、C 的值可改变充放电时间，也就是改变电路的振荡频率 f。

4.4.3　知识拓展

在电子技术中，模拟量与数字量间的相互转换很重要。如在自动控制、自动检测、遥控、通信等系统中广泛使用数字电路来处理模拟信号。要使数字电路能处理模拟信号，必须有能将模拟信号转换成数字信号的转换器（Analog to Digital Converter），简称 A/D 转换器（或 ADC）。有时还得把经处理后的数字信号转换成模拟信号，这就需要将数字信号转换成模拟信号的转换器（Digital to Analog Converter），简称 D/A 转换器（或 DAC）。

4.4.3.1　D/A 转换器

D/A 转换器有权电阻网络、T 型电阻网络、倒 T 型电阻网络等几种。无论何种形式的 D/A 转换器，都是把输入的数字量转换成与之成比例的模拟量。这里仅介绍倒 T 型 D/A

转换器的原理。

A   电路组成及工作原理

图 4 - 44 所示是 4 位倒 T 型电阻网络 D/A 转换器电路，它由译码网络（即倒 T 型电阻网络）、模拟开关、求和放大器及基准电源四部分组成。

倒 T 型电阻网络由 R 和 $2R$ 两种阻值的电阻构成。模拟开关 $S_0 \sim S_3$ 受输入数字量控制，当第 i 位输入 2 进制数码为"1"时，模拟开关 S_i 使该位 $2R$ 电阻接地。由于反相输入端为虚地，所以不论输入代码 D_i 是 0 还是 1，流过 $2R$ 支路的电流不变。

模拟开关的工作原理如图 4 - 44 所示，当 $D_i = 1$ 时，V_2 管饱和导通，V_1 管截止，相当于开关 S_i 接虚地；当 $D_i = 0$ 时，V_1 管饱和导通，V_2 管截止，相当于开关 S_i 接地。

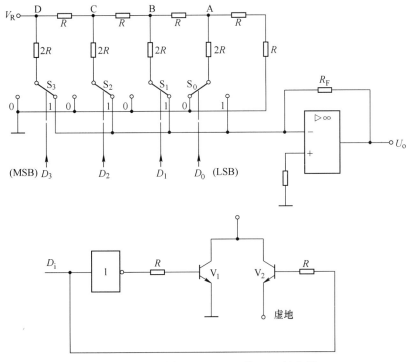

图 4 - 44   4 位倒 T 型电阻网络 D/A 转换器

由图 4 - 44 可知：从节点 A、B、C、D 向地看，等效电阻均为 R。这样 $I_R = \dfrac{V_R}{R}$，且四点电位逐次减半，分别为 $V_D = V_R$，$V_C = \dfrac{1}{2}V_R$，$V_B = \dfrac{1}{4}V_R$，$V_A = \dfrac{1}{8}V_R$。当 $D_i = 1$ 时，电流引入虚地；当 $D_i = 0$，电流经 $2R$ 支路引入地，对放大器无影响。当一组 2 进制代码输入时，使模拟开关按"0"接地，"1"接虚地的规律接通。应用线性迭加原理，可得放大器反相输入总电流为：

$$I = I_3 D_3 + I_2 D_2 + I_1 D_1 + I_0 D_0 = \frac{V_R}{2R}D_3 + \frac{V_R}{4R}D_2 + \frac{V_R}{8R}D_1 + \frac{V_R}{16R}D_0$$

$$= \frac{V_R}{2R} \times \frac{1}{2^3}(D_3 2^3 + D_2 2^2 + D_1 2^1 + D_0 2^0)$$

经反相比例运算得：

$$V_o = -R_F I = -\frac{V_R}{2^4}\frac{R_F}{R}(D_3 2^3 + D_2 2^2 + D_1 2^1 + D_0 2^0)$$

可见输出模拟电压 V_o 值与 2 进制数值成正比，即实现了 D/A 转换。推而广之，并令 $R_F = R$，可得

$$V_o = -\frac{V_R}{2^n}(D_{n-1} 2^{n-1} + D_{n-2} 2^{n-2} + \cdots + D_1 2^1 + D_0 2^0)$$

B　D/A 转换器的主要技术指标

（1）分辨率。分辨率是指最小输出电压和最大输出电压之比，它取决于 D/A 转换器的位数。如 8 位 D/A 转换器，最小输出电压与数字 00000001 对应，而最大输出电压与数字 11111111 对应，所以分辨率为 $\frac{1}{2^8-1} = \frac{1}{255} = 0.0039$。

（2）精度。精度是指输出模拟电压的实际值和理论值之差，即最大静态误差。静态误差主要是参考电压偏离标准值、运算放大器零点漂移、模拟开关的压降、电阻值误差等引起的。

（3）转换速度。转换速度包括建立时间和转换速率两部分。

建立时间指大信号工作下，即输入由全 0 变为 1，或由全 1 变为 0 时，输出电压达到某一规定值（一般指最低位 LSB 的一半，即与 LSB/2 相当的电压）所需的时间，用 t_s 表示。

转换速率 SR（Slew Rate）也是指大信号工作时，模拟电压的变化率。

D/A 转换器完成一次转换所需的最大时间 t_{TRmax} 为：

$$t_{TRmax} = t_s + \frac{V_{omax}}{SR}$$

式中，V_{omax} 为模拟电压最大值。

4.4.3.2　A/D 转换器

A　A/D 转换的一般步骤

将模拟信号转换成数字信号需要经过采样、保持、量化和编码四个步骤。

如图 4-45 所示，经采样脉冲 $s(t)$ 采样，将时间上连续变化的模拟量转换成时间上离散的模拟量。如果要将采样所得的离散信号，恢复成输入的原始信号，要求采样频率 $f_s \geqslant 2f_{imax}$（f_{imax} 为输入信号频谱中的最高频率）。通常选 $f_s = (2.5 \sim 3)f_{imax}$ 为采样频率。

由于采样时间极短，采样输出是一串断续的窄脉冲，量化装置来不及将它数字化，因此，在两次采样间，用保持电路将采样的模拟信号暂时存储起来，并把该模拟信号保持到下一个采样脉冲到来之前。采样保持电路输出的是展开的阶梯信号。

将上述阶梯波用一个规定的最小量单位去度量，最终模拟量可用这个最小量单位 Δ 的整数倍来表示，

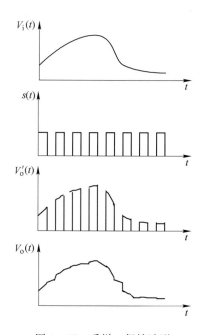

图 4-45　采样-保持波形

这个过程称为量化。量化的结果用代码表示之，称为编码。

由于模拟量不一定能被 Δ 整除，因此量化过程中不可避免会产生误差，这种误差称为量化误差。

B　A/D 转换的种类

A/D 转换器分直接型和间接型两大类。并行 A/D 转换器、计数型 A/D 转换器、逐次逼近型 A/D 转换器属于直接 A/D 转换器；单积分 A/D 转换器、双积分 A/D 转换器、四重积分 A/D 转换器等属于间接型 A/D 转换器。

C　A/D 转换的主要技术指标

（1）分解度（亦称分辨率）。分解度是指引起输出数字量变动一个 2 进制数码最低有效位时，输入模拟量的最小变化量。它反映了 A/D 转换器对输入模拟量微小变化的分辨能力。一般来说，位数愈多，分辨能力越高。

（2）转换误差。转换误差通常以相对误差的形式给出，它表示 A/D 转换器实际输出数字量与理想输出数字量之间的差别，一般用最低有效位 LSB 的倍数表示。例如：给出相对误差不大于 LSB/2，这表明实际输出数字量和理论计算出的数字量之间的误差不大于最低位 1 的一半。

（3）转换时间。转换时间是指完成一次模拟量到数字量之间的转换所需要的时间。

任务 4.5　计数器的安装与调试

【知识目标】

（1）了解振荡电路构成。

（2）熟悉 CD4060 管脚功能。

【能力目标】

（1）会进行计数器的安装。

（2）会进行计数器联机调试。

（3）能依据计数器各部分的工作原理进行故障排除。

4.5.1　任务描述与分析

数字电子钟由振荡电路、分频电路、计数译码显示电路、校时电路等部分构成。本任务介绍振荡电路、校时电路的工作原理，要求学生能将各部分电路组合起来并完成整机调试，达到计数目的。

4.5.2　相关知识

4.5.2.1　振荡电路

振荡电路由石英晶体、耦合电路、调整电阻等元件构成，如图 4-46 所示。石英晶振在电阻、电容的共同作用下产生自励振荡，得到矩形脉冲信号。两个电容主要是起耦合的作用，它使得电路在工作的时候有一个稳定的输出电阻是起反馈的作用。电路产生一个标准的方波信号。方波信号输送到分频电路进行分频。

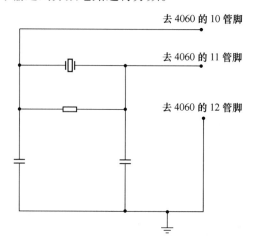

图 4 - 46　振荡电路

4.5.2.2　分频电路

（1）由 4060 构成的分频器。4060 为分频器件，在收到了振荡电路的方波信号后，它自行分频，在输出时有几个选项。本任务只要用 2Hz 的选项即可。

（2）74LS160 构成的 2 分频器。74LS160 为 10 进制计数器。用于 BCD 计数时，它应在外部将 Q_0 与 $\overline{CP_1}$ 相连。如果被计数的信号从 $\overline{CP_0}$ 输入，则从 Q_0 端可获得其 2 分频信号；若被计数的信号从 $\overline{CP_1}$ 输入，则从 Q_3 可获得其 5 分频信号；若将 Q_0 从外部连接到时钟端 $\overline{CP_1}$ 上，同时被计数的信号仍从 $\overline{CP_0}$ 输入，则从 Q_3 端可获得其 10 分频信号。MR 为复位端，高电平有效，在正常记数时，MR 应为低电平。在这用的是 2 分频，因此只要从 Q_B 处输出即可。在输出时还要用一个非门用于计数清零。

由振荡电路产生的 32.768MHz 的矩形脉冲信号从 4060 的 CP_0 端输入，经由 1 块 4060 组成的一级分频电路，从 4060 的 Q_{13} 管脚端得到一个 2Hz 的矩形脉冲信号，此信号还可用于后面的秒校时，74LS160 的 2 管脚端为 4060 的 13 管脚端的 2 分频输出端；从 74LS160 的 Q_0 端可得到一个 1Hz 的标准秒脉冲信号，供秒计数器使用。

74LS160 用作一个 2 分频电路，其时序图如图 4 - 47 所示。

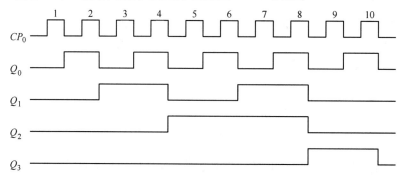

图 4 - 47　由 74LS160 构成的分频器电路时序图

4.5.2.3　计数器电路

（1）24 进制计数器电路。

由 74LS160 构成的 24 进制计数器电路图如图 4 – 48 所示。

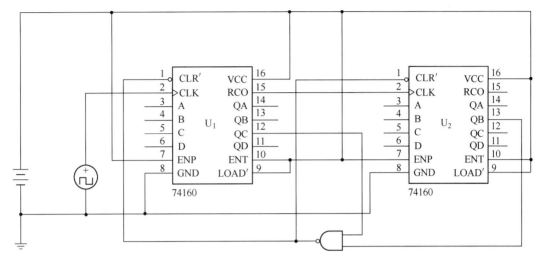

图 4 – 48　24 进制计数器

由图可见，当计数器 U_1 和 U_2 的清零端为 1 时，置位（置"9"）被封锁，U_1、U_2 的 $\overline{CLK_2}$ 接到各自的 Q_0 端，使两级计数器按 BCD 码计数。当计数器计到 24 时，高位 U_2 的输出端 $Q_3Q_2Q_1Q_0 = 0010$，低位 U_1 的输出端 $Q_3Q_2Q_1Q_0 = 0100$，此时使得高位和低位的清零端等于 0，计数器复位，使计数器清零，从而实现 24 进制数。U_1 的 $\overline{CLK_1}$ 端接分计数器的进位端，其工作时序图如图 4 – 49 所示。

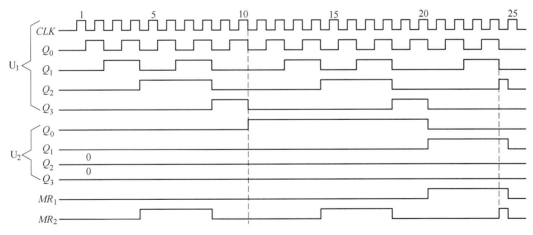

图 4 – 49　24 进制时序逻辑图

（2）60 进制计数器电路。

由 74LS160 构成的 60 进制计数器电路图如图 4 – 50 所示。

60 进制计数器个位由一个 74LS160 组成，十位由一个 74LS160 和一个与非门组成的 6

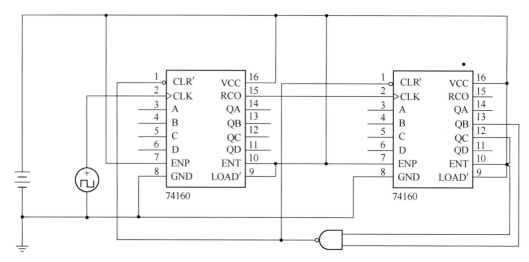

图 4 - 50　60 进制计数器

进制组成，与非门的两个端子接到 74LS160 的 Q_B 和 Q_C，当计数器没有达到 6 的时候，计数器计数，当计数器达到了 6 的时候，与非门的输出端就给 74LS160 的一管脚一个脉冲，使得计数器清零。

10 进制计数器的时序图如图 4 - 51 所示。6 进制计数器的时序图如图 4 - 52 所示。

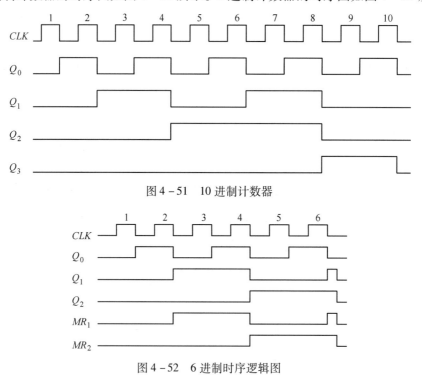

图 4 - 51　10 进制计数器

图 4 - 52　6 进制时序逻辑图

4.5.2.4　译码显示电路

（1）共阴极译码显示电路。74LS48 是 4 线 - 7 段译码/驱动器，其管脚排列如图 4 -

53 所示，以高电平"1"驱动，用于共阴极显示器。74LS48 内部无上拉电阻，在连接 LED 数码管时需外接电阻。其中 $\overline{\text{LT}}$ 端为试灯输入端，用于检查七段显示器各字段是否能正常发光，当 $\overline{\text{LT}} = 0$ 时，显示器应该显示出"8"字形。$\overline{\text{BI}}/\overline{\text{RBO}}$ 端为灭灯输入/动态灭零输出端。灭灯输入端 $\overline{\text{BI}}$ 的功能与 $\overline{\text{LT}}$ 恰好相反，在 $\overline{\text{BI}} = 0$ 时可以使七段显示器各字段均熄灭；动态灭零输出端 $\overline{\text{RBO}}$ 与 $\overline{\text{BI}}$ 公用一个端子，它的作用是使小数点两边的数字即使是零也显示出来，以便看到小数点的位置和检查无信号输入时显示器有无故障。$\overline{\text{RBI}}$ 端为动态灭零输入端，它的作用是使显示器按照人们需要将所显示的零予以熄灭，而在显示 1～9 时则不受影响。正常使用时 $\overline{\text{LT}} = 1$，$\overline{\text{BI}}/\overline{\text{RBO}} = 1$，$\overline{\text{RBI}} = 1$。

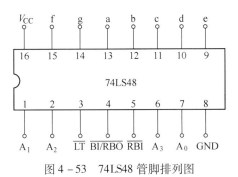

图 4-53　74LS48 管脚排列图

共阴极译码显示电路由 7 段译码器/驱动器 74LS248 和共阴极 7 段 LED 数码管组成。其原理如图 4-54 所示。

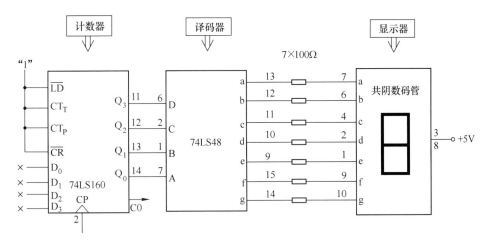

图 4-54　共阴极译码显示电路

74LS48 将来自计数器的四位 2 进制代码翻译成对应的一组七位 2 进制代码，驱动七段 LED 数码管显示出数字来。共阴极七段数码管相当于阴极连接在一起的七个发光二极管，当从其某一输入端（二极管的阳极）输入一个高电平信号，对应的发光二极管导通发光，从而显示出一个数字来。

（2）共阳极译码显示电路。74LS247 是 4 线 -7 段译码/驱动器，集电极开路输出，以"0"电平驱动，用于共阳极显示器。74LS247 与显示器（7 段数码管）连接时，应串联电阻于显示管的各个阴极与译码器输出之间。其中 $\overline{\text{LT}}$ 端为试灯输入端，$\overline{\text{RBI}}$ 端为动态灭零输入端，$\overline{BI}$ 端为灭灯输入。

共阳极译码显示电路由 7 段译码器/驱动器 74LS247 和 7 段共阳极 LED 数码管组成。其原理如图 4 - 55 所示。

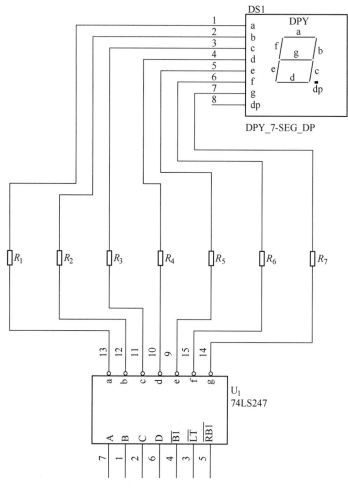

图 4 - 55   共阳极译码显示电路

74LS247 的作用是把计数器计数的四位 2 进制数翻译成对应的 10 进制数码，驱动 7 段 LED 数码管显示出数字来。

4.5.2.5   校准电路

当刚接通电源或时钟走时出现误差时，便需要时间校准。校时电路如图 4 - 56 所示。

校时电路由 "时"、"分"校准两部分组成。校准开关 S_0、S_1 可利用实验箱上的逻辑开关 S_0、S_1 来实现。

例如校正 "小时" 时，开关 S_1 扳到 "校时" 位置（开关闭合），1 号与非门被封锁，1Hz 的秒脉冲直接接到时计数器的 $\overline{CP}$ 端进行快速校准。校准结束时，开关 S_1 接至 "正常"（开关断开）位置，时计数器利用分进位输入正常计数。

"分" 校准与 "时" 校准的原理相同。

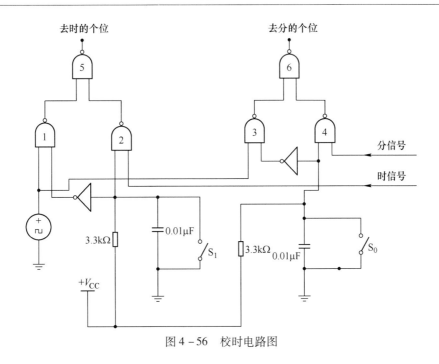

图 4 - 56　校时电路图

4.5.3　数字电子钟的安装与调试

（1）2Hz 信号电路的安装调试。

1）2Hz 信号电路的安装。CD4060 的 16 号脚接 5V 电源正极，8 号脚接 5V 电源负极，按图 4 - 57 连接线路。

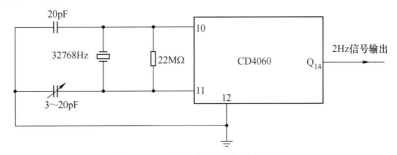

图 4 - 57　2Hz 信号电路的安装图

2）2Hz 信号电路的调试。将 D4060 的 3 号脚（Q_{14}）接示波器，接通电源。用示波器观察 3 号脚有无 2Hz 的方波信号。若无信号，则应首先检查电路是否接触良好，再检查振荡电路是否起荡，最后再更换 CD4060。

（2）1Hz 信号电路的安装调试。

1）Hz 信号电路的安装。将 2Hz 信号接入 74LS160 的 2 号脚，按图 4 - 58 接好线路。用示波器观察 13 号脚有无 1Hz 的方波信号。

2）1Hz 信号电路的调试。将 74LS160 的 13 号脚（QB）接示波器，接通电源。用示波器观察 13 号脚有无 2Hz 的方波信号。若无信号，则应首先检查电路是否接触良好，最后再更换 74LS160。

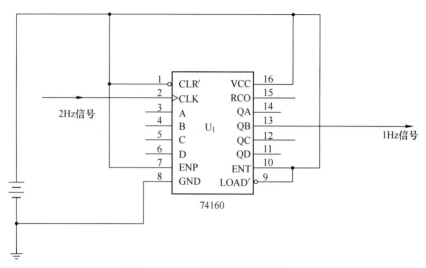

图 4 - 58　1Hz 信号电路的安装图

（3）计数器电路的安装。

1）分、秒计数器电路的安装。按图 4 - 50 接线，74LS160 的 $Q_0 \sim Q_3$ 接至输出电平指示灯，接通电源。观察指示灯是否完成 60 进制功能。

2）小时计数器电路的安装。按图 4 - 51 接线，74LS160 的 $Q_0 \sim Q_3$ 接至实验台指示灯，接通电源。观察指示灯是否完成 24 进制功能。

（4）译码显示电路的安装。按图 4 - 55 接线，74LS160 的 $Q_0 \sim Q_3$ 接至译码显示电路，接通电源。观察数码显示是否正常。

（5）整机电路的安装与调试。

1）整机电路的安装。完成 2Hz 信号电路、1Hz 信号电路、计数器电路、译码显示电路的安装与调试后，将秒、分 60 进制计数器电路（60 进制）和时制计数器电路（24 进制）进行级联安装。

2）校时调试。校时电路接入整机电路，将数字电子钟校正成北京时间。

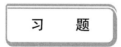

习　题

4 - 1　由与非门构成的基本 RS 触发器如图 4 - 59 所示，已知输入端 $\overline{S}$、$\overline{R}$ 的电压波形，试画出与之对应的 Q 和 $\overline{Q}$ 的波形。

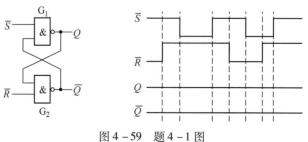

图 4 - 59　题 4 - 1 图

4-2　画出图4-60的输出波形。设Q原状态为1。

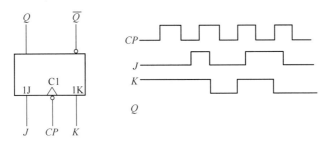

图4-60　题4-2图

4-3　时序逻辑电路的分析方法及步骤是什么？

4-4　试画出如图4-61所示时序电路在一系列CP信号作用下，Q_0、Q_1、Q_2的输出电压波形。设触发器的初始状态为$Q=0$。

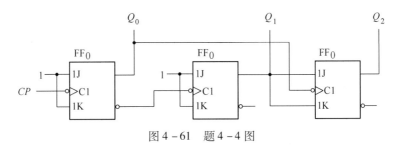

图4-61　题4-4图

4-5　时序电路如图4-62所示。给定CP和A的波形，画出Q_1、Q_2、Q_3的波形，假设初始状态为0。

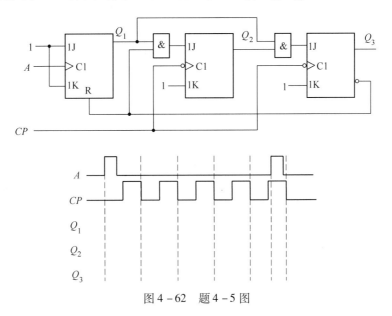

图4-62　题4-5图

4-6　分析图4-63所示电路，要求：

（1）写出JK触发器的状态方程；

（2）用X、Y、Q^n作变量，写出P和Q^{n+1}的函数表达式；

（3）列出真值表，说明电路完成何种逻辑功能。

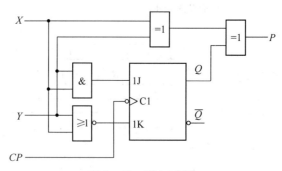

图 4 - 63 题 4 - 6 图

4 - 7 试用 D 触发器设计一个同步 5 进制加法计数器, 要求写出设计过程。

4 - 8 试用 74LS161 和门电路利用"反馈置数法"实现 5 进制加法计数器。

4 - 9 时序电路如图 4 - 64 所示, 分析该电路的功能。

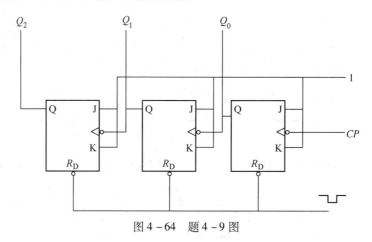

图 4 - 64 题 4 - 9 图

情境 5 相控整流电路的分析与测试

在生产实际中往往需要使用电压大小可调的直流电源。利用晶闸管的可控单向导电性，控制器移相角能把交流电能变成大小可调的直流电能，以满足各种直流负载的要求，这种整流电路称为相控整流电路。

相控整流电路结构简单、控制方便、性能稳定，利用它可以方便地得到大、中、小各种容量的直流电能，是目前获得直流电能的主要方法，得到了广泛的应用。相控整流电路的类型很多：按照输入交流电源的相数不同，可分为单相、三相和多相整流电路；按照整流电路的结构形式不同，又可分为半波、全波和桥式整流电路等类型。另外，整流输出端所接负载的性质对整流电路的输出电压和电路有很大的影响，常见的负载有电阻性负载、电感性负载和反电势负载等几种。

任务 5.1 晶闸管的识别与检测

【知识目标】

（1）掌握晶闸管的导通和关断条件。

（2）掌握晶闸管的伏安特性和主要参数。

【能力目标】

能够根据晶闸管的参数选定合适型号的晶闸管。

5.1.1 任务描述与分析

晶闸管是一种大功率半导体器件，与普通整流二极管相比，其显著特点是功率大、整流电压可调。晶闸管包括普通晶闸管（SCR）、快速晶闸管（FST）、可关断晶闸管（GTO）、逆导晶闸管（RCT）、快速晶闸管（FST）和光控晶闸管等。由于普通晶闸管面世早，应用极为广泛，在无特别说明的情况下本书所说的晶闸管都为普通晶闸管。本任务主要分析普通晶闸管的工作原理、基本特性和主要参数。

5.1.2 相关知识

5.1.2.1 晶闸管的结构与工作原理

A 晶闸管的结构

如图 5 – 1 所示，晶闸管有三个电极，它们是阳极 A、阴极 K 和门极（或称栅极）G。从内部结构图看，它是由 P 型和 N 型半导体交替叠成的 P – N – P – N 四层元件，中间形成 J_1、J_2、J_3 三个 PN 结。阳极 A 从最外层的 P 型区引出，阴极 K 最外层的 N 型区引出，门极从中间的 P 型区引出。

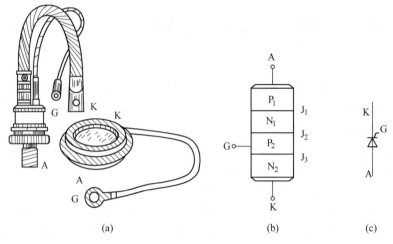

图 5 - 1　晶闸管

(a) 外形图；(b) 内部结构；(c) 符号

B　晶闸管的工作原理

为便于分析，可将晶闸管等效地看成两个三极管，一个是 PNP 型管 T_1，另一个是 NPN 型管 T_2。即中间两层半导体为两管所共有，每只管子的集电极都与另一管子的基极连在一起，如图 5 - 2 所示。

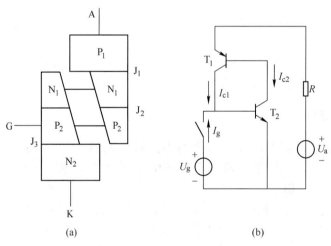

图 5 - 2　晶闸管的内部结构和等效电路

(a) 内部结构；(b) 等效电路

关于晶闸管工作原理，主要弄清以下四个问题：

(1) 晶闸管导通。晶闸管阳极施加正向电压时，若给门极 G 也加正向电压 U_g，门极电流 I_g 经三极管 T_2 放大后成为集电极电流 I_{c2}，I_{c2} 又是三极管 T_1 的基极电流，放大后的集电极电流 I_{c1} 进一步使 I_g 增大且又作为 T_2 的基极电流流入。重复上述正反馈过程，两个三极管 T_1、T_2 都快速进入饱和状态，使晶闸管阳极 A 与阴极 K 之间导通。此时若撤除 U_g，

T_1、T_2 内部电流仍维持原来的方向，只要满足阳极正偏的条件，晶闸管就一直导通。

（2）晶闸管阻断。当晶闸管 A、K 间承受正向电压，而门极电流 $I_g = 0$ 时，上述 T_1 和 T_2 之间的正反馈不能建立起来，晶闸管 A、K 间只有很小的正向漏电流，它处于正向阻断状态。

（3）晶闸管导通后，门极失去控制作用。晶闸管一旦导通，由于强烈的正反馈，已经有了比控制极电流 I_g 大很多倍的电流输入 T_1 的基极，这时即使撤掉控制电压 U_g，晶闸管仍能继续保持导通状态。也就是说，晶闸管导通后，门极已失去控制作用。

（4）晶闸管关断。下述两种情况，均可将导通的晶闸管关断：

1）将阳极正向电压变为反向，使两管都立即处于反向电压作用下而关断。

2）如果降低阳极电压 U_a，或增大负载电阻 R_L，则阳极电流 I_a 减小。当 I_a 减小到某一数值以下时，晶闸管也能关断。这是因为，晶闸管与普通三极管不同，它的四层半导体都较厚，电子空穴的复合作用强，即 β_1、β_2 都比较小，而且 β 值还随电流的减小而降低，所以当 I_a 减小到使乘积 $\beta_1\beta_2$ 小于 1 时，就破坏了正反馈的幅值条件，导致晶闸管关断。

5.1.2.2　晶闸管的伏安特性和主要参数

A　晶闸管的伏安特性

晶闸管阳极与阴极之间的电压 U_a 与阳极电流 I_a 的关系曲线称为晶闸管的伏安特性。晶闸管伏安特性如图 5-3 所示，包括正向特性（第一象限）和反向特性（第三象限）。图中 U_{DRM}、U_{RRM} 为正、反向断态重复峰值电压；U_{DSM}、U_{RSM} 为正、反向断态不重复峰值电压；U_{BO} 为正向转折电压；U_{RO} 为反向击穿电压。

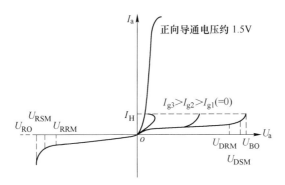

图 5-3　晶闸管阳极伏安特性

（1）晶闸管的反向特性。晶闸管上施加反向电压时，伏安特性类似二极管的反向特性。晶闸管处于反向阻断状态时，只有极小的反相漏电流流过。当反向电压超过一定限度，到反向击穿电压后，外电路如无限制措施，则反向漏电流急剧增加，导致晶闸管发热损坏。

（2）晶闸管的正向特性。$I_g = 0$ 时，如果在晶闸管两端施加正向电压，当 U_a 未增大到正向转折电压 U_{BO} 时，器件处于正向阻断状态时，只有很小的正向漏电流流过，正向电压超过临界极限即正向转折电压 U_{BO}，则漏电流急剧增大，器件开通。随着门极电流幅值的增大，正向转折电压降低。导通后的晶闸管特性和二极管的正向特性相仿。晶闸管本身的压降很小，在 1V 左右。导通期间，如果门极电流为零，并且阳极电流降至接近于零的某一数值 I_H 以下，则晶闸管又回到正向阻断状态。I_H 称为维持电流。

B　晶闸管的主要参数

（1）晶闸管的重复峰值电压和额定电压 U_{te}。

1）正向重复峰值电压 U_{DRM}：门极断开（$I_g = 0$），元件处在额定结温时，正向阳极电压为正向阻断不重复峰值电压 U_{DSM}（此电压不可连续施加）的 80% 所对应的电压（此电压可重复施加，其重复频率为 50Hz，每次持续时间不大于 10ms），即 U_{DRM}。

2）反向重复峰值电压 U_{RRM}：元件承受反向电压时，阳极电压为反向不重复峰值电压 U_{RRM} 的 80% 所对应的电压，即 U_{RRM}。

将 U_{DRM} 和 U_{RRM} 中较小的那个值按百位取整后作为该晶闸管的额定电压 U_{te}。例如，一个晶闸管实测 $U_{DRM} = 840V$、$U_{RRM} = 720V$，将二者较小的 720V 取整得 700V，则该晶闸管的额定电压为 700V 即 7 级。表 5-1 所列为晶闸管额定电压的等级与正、反向重复峰值电压关系。

表 5-1　晶闸管元件的正反向电压等级

级别	正、反向重复峰值电压/V	级别	正、反向重复峰值电压/V	级别	正、反向重复峰值电压/V
1	100	8	800	20	2000
2	200	9	900	22	2200
3	300	10	1000	24	2400
4	400	12	1200	26	2600
5	500	14	1400	28	2800
6	600	16	1600	30	3000
7	700	18	1800		

晶闸管铭牌标注的额定电压通常取 U_{DRM} 与 U_{RRM} 中的最小值，选用时，额定电压要留有一定裕量，一般取额定电压为正常工作时晶闸管所承受峰值电压 2～3 倍。

（2）晶闸管的额定通态平均电流和额定电流 $I_{T(AV)}$。在选用晶闸管额定电流时，根据实际最大的电流计算后至少还要乘以 1.5～2 的安全系数，使其有一定的电流裕量。

额定通态平均电流是指在通以单相工频正弦波电流时的允许最大平均电流。

额定电流（平均电流）为：

$$I_{T(AV)} = \frac{1}{2\pi}\int_0^\pi I_m \sin\omega t\,\mathrm{d}\omega t = \frac{I_m}{\pi}$$

额定电流有效值为：

$$I_T = \sqrt{\frac{1}{2\pi}\int_0^\pi (I_m\sin\omega t)^2\,\mathrm{d}\omega t} = \frac{I_m}{2}$$

某电流波形的有效值与平均值之比为这个电流波形的波形系数，用 K_f 表示：

$$K_f = \frac{I_T}{I_{T(AV)}} = \frac{\pi}{2} = 1.57$$

这说明额定电流 $I_{T(AV)} = 100A$ 的晶闸管，其额定有效值为 $I_T = K_f I_{T(AV)} = 157A$。

（3）门极触发电流 I_{GT} 和门极触发电压 U_{GT}。在室温下，晶闸管加 6V 正向阳极电压时，使元件完全导通所必需的最小门极电流，称为门极触发电流 I_{GT}。对应于门极触发电流的门极电压称为门极触发电压 U_{GT}。晶闸管由于门极特性的差异，其触发电流、触发电压相差很大。所以对不同系列的元件只规定了触发电流、触发电压的上下限值。晶闸管的铭牌上都标明了其触发电流和触发电压在常温下的实测值，但触发电流、触发电压受温度的影响很大：温度升高，U_{GT}、I_{GT} 值会显著降低；温度降低，U_{GT}、I_{GT} 值又会增大。为了保证晶闸管的可靠触发，在实际应用中，外加门极电压的幅值应比 U_{GT} 大几倍。

（4）通态平均电压 $U_{T(AV)}$。在实际使用中，从减小损耗和元件发热来看，应选择 $U_{T(AV)}$ 小的晶闸管。晶闸管通态平均电压的分组见表 5-2。

表 5-2 晶闸管通态平均电压分组

组　别	A	B	C
通态平均电压/V	$U_T \leqslant 0.4$	$0.4 < U_T \leqslant 0.5$	$0.5 < U_T \leqslant 0.6$
组　别	D	E	F
通态平均电压/V	$0.6 < U_T \leqslant 0.7$	$0.7 < U_T \leqslant 0.8$	$0.8 < U_T \leqslant 0.9$
组　别	G	H	I
通态平均电压/V	$0.9 < U_T \leqslant 1.0$	$1.0 < U_T \leqslant 1.1$	$1.1 < U_T \leqslant 1.2$

（5）维持电流 I_H 和擎住电流 I_L。维持电流与元件容量、结温等因素有关，同一型号的元件其维持电流也不相同。通常在晶闸管的铭牌上标明了常温 I_H 的实测值。对同一晶闸管来说，擎住电流 I_L 要比维持电流 I_H 大 2～4 倍。

5.1.2.3　晶闸管的型号

晶闸管的型号如图 5-4 所示。

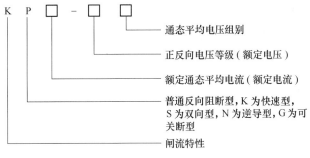

图 5-4 晶闸管的型号

5.1.3　知识拓展

晶闸管的开通和关断过程电压和电流波形如图 5-5 所示。

（1）开通过程。

$$t_{gt} = t_d + t_r$$

式中 t_{gt}——开通时间；

$\quad\quad t_d$——延迟时间；

$\quad\quad t_r$——上升时间。

普通晶闸管的开通时间 t_{gt} 约为 6μs。开通时间与触发脉冲的陡度与电压大小、结温以

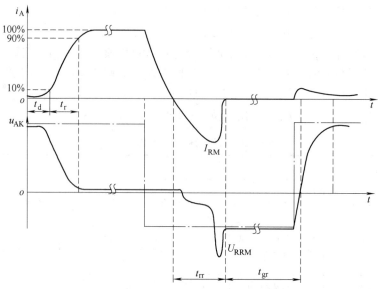

图 5 – 5　晶闸管的开通和关断过程波形

及主回路中的电感量等有关。

普通晶闸管延迟时为 $0.5 \sim 1.5 \mu s$，上升时间为 $0.5 \sim 3 \mu s$。

（2）关断过程。

1）反向阻断恢复时间 t_{rr}：正向电流降为零到反向恢复电流衰减至接近于零的时间。

2）正向阻断恢复时间 t_{gr}：在正向阻断恢复时间内如果重新对晶闸管施加正向电压，晶闸管会重新正向导通。

实际应用中，应对晶闸管施加足够长时间的反向电压，使晶闸管充分恢复其对正向电压的阻断能力，电路才能可靠工作。

3）关断时间 t_q：t_{rr} 与 t_{gr} 之和，即

$$t_q = t_{rr} + t_{gr}$$

普通晶闸管的关断时间 t_q 约为几十到几百微秒。关断时间与元件结温、关断前阳极电流的大小以及所加反压的大小有关。

任务 5.2　单相相控整流电路

【知识目标】

（1）掌握单相相控整流电路的工作原理和波形分析方法。

（2）理解电感性负载对电流变化抗拒作用对整流输出波形的影响。

【能力目标】

（1）具有分析电路并进行相应数量计算的能力。

（2）能正确组装、调试和维修单相可控整流电路并进行参数的测试。

5.2.1　任务描述与分析

单相相控整流电路可分为单相半波和单相桥式相控整流电路，它们根据所连接的负载性质的不同就会有不同的特点。本任务主要分析单相相控整流电路的工作原理、基本数量关系、各种负载对整流电路工作情况的影响以及移相控制整流电路的方法。

5.2.2　相关知识

5.2.2.1　单相半波相控整流电路

A　电阻性负载

单相半波相控整流电路结构如图 5-6(a) 所示。晶闸管未导通时，回路不通，若忽略漏电流，负载 R_d 上的电流、电压均为零。此时晶闸管承受的正、反向电压分别等于交流电源电压的正、负半波的幅值 $U_{2m} = \sqrt{2}U_2$（设变压器副边电压 $u_2 = U_{2m}\sin\omega t$）。

在晶闸管承受正向电压的某一时刻，例如 $\omega t = \alpha$ 时，门极加上短时间的触发脉冲 U_g，则晶闸管导通。U_g 称为触发脉冲，α 称为控制角（或移相角）。

晶闸管导通后，若忽略管压降，则电源电压全部加在负载上，负载上的电压 u_d、电流 i_d 波形如图 5-6(b) 所示。负半周时，晶闸管因反向电压而关断，u_d 和 i_d 均为零。到下一周期中的 $\omega t = \alpha$ 时，门极又加触发脉冲，晶闸管又导通，重复上述过程。由波形图看出，晶闸管只在 $\theta = \pi - \alpha$ 之内导通，θ 称为导通角。控制角愈小，即导通角愈大，负载电压、电流的平均值就愈大。

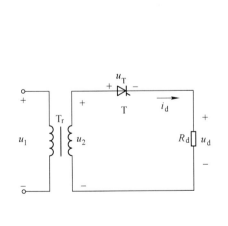

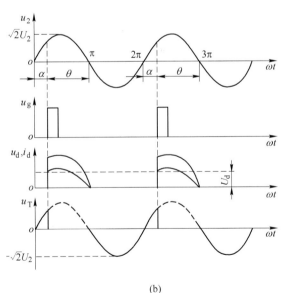

(a)　　　　　　　　　　　　　　　　(b)

图 5-6　电阻性负载单相半波可控整流电路及其波形

根据波形图，可求出整流输出电压平均值为：

$$U_d = \frac{1}{2\pi}\int_{\alpha}^{\pi}\sqrt{2}U_2\sin\omega t\,\mathrm{d}(\omega t) = \frac{\sqrt{2}}{\pi}U_2\frac{1+\cos\alpha}{2} = 0.45U_2\frac{1+\cos\alpha}{2}$$

上式表明，只要改变控制角 α（即改变触发时刻），就可以改变整流输出电压的平均值，达到可控整流的目的。这种通过控制触发脉冲的相位来控制直流输出电压大小的方式称为相位控制方式，简称相控方式。

当 $\alpha = \pi$ 时，$U_d = 0$；当 $\alpha = 0$ 时，$U_d = 0.45U_2$ 为最大值。定义整流输出电压 U_d 的平均值从最大值变化到零时，控制角 α 的变化范围为移相范围。显然，单相半波可控整流电路带电阻性负载时移相范围为 π。

根据有效值的定义，整流输出电压的有效值为：

$$U = \sqrt{\frac{1}{2\pi}\int_\alpha^\pi (\sqrt{2}U_2\sin\omega t)^2 \cdot \mathrm{d}(\omega t)} = U_2\sqrt{\frac{\sin2\alpha}{4\pi} + \frac{\pi - \alpha}{2\pi}}$$

整流输出电流的平均值 I_d 和有效值 I 分别为：

$$I_d = \frac{U_d}{R_d}$$

$$I = \frac{U}{R_d}$$

电流的波形系数 K_f 为：

$$K_f = \frac{I}{I_d} = \frac{\sqrt{\dfrac{\sin2\alpha}{4\pi} + \dfrac{\pi - \alpha}{2\pi}}}{\dfrac{\sqrt{2}}{\pi} \cdot \dfrac{1 + \cos\alpha}{2}} = \frac{\sqrt{\pi\sin2\alpha + 2\pi(\pi - \alpha)}}{\sqrt{2}(1 + \cos\alpha)}$$

上式表明：控制角 α 越大，波形系数 K_f 越大。

必须注意的是，晶闸管 T 可能承受的正反向峰值电压为 $\sqrt{2}U_2$，晶闸管两端电压 U_T 的波形如图 5 - 6(b) 所示。

B　电感性负载

感性负载可以等效为电感 L 和电阻 R_d 串联，电路结构如图 5 - 7(a) 所示。

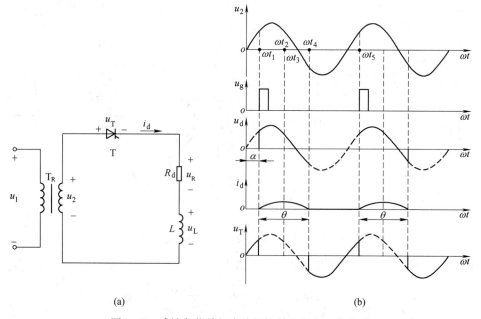

(a)　　　　　　　　　　　　　　　　　(b)

图 5 - 7　感性负载单相半波相控整流电路及其波形

正半周时，$\omega t = \omega t_1 = \alpha$ 时触发晶闸管 T，到 $\omega t = \omega t_2$ 时可达到最大值，随后 i_d 开始减小。由于电感中感应电动势要阻碍电流的减小，到 $\omega t = \omega t_3$ 时刻 u_2 过零变负时，i_d 并未下降到零，而在继续减小，此时负载上的电压 u_d 为负值。直到 $\omega t = \omega t_4$ 时刻，电感上的感应电动势与电源电压相等，i_d 下降到零，晶闸管 T 关断。此后晶闸管承受反压，到下一周期的 ωt_5 时刻，触发脉冲又使晶闸管导通，并重复上述过程。

根据波形可知，在电角度 α 到 π 期间，负载上电压为正，在 π 到 $\theta + \alpha$ 期间负载上的电压为负。感性负载上所得到的输出电压平均值可由下式计算：

$$U_d = U_{dR} + U_{dL} = \frac{1}{2\pi}\int_{\alpha}^{\alpha+\theta} u_R d(\omega t) + \frac{1}{2\pi}\int_{\alpha}^{\alpha+\theta} u_L d(\omega t)$$

$$U_{dL} = \frac{1}{2\pi}\int_{\alpha}^{\alpha+\theta} u_L d(\omega t) = \frac{1}{2\pi}\int_{\alpha}^{\alpha+\theta} L\frac{di}{dt} \cdot d(\omega t) = \frac{\omega L}{2\pi}\int_{0}^{0} di = 0$$

所以：

$$U_d = \frac{1}{2\pi}\int_{\alpha}^{\alpha+\theta} u_R d(\omega t)$$

上式表明感性负载上的电压平均值等于负载电阻上的电压平均值。

由于负载中存在电感，因此负载电压波形出现负值部分，晶闸管的流通角 θ 变大，且负载中 L 越大，θ 越大，输出电压波形图上负压的面积越大，从而使输出电压平均值减小。

在大电感负载 $\omega L \gg R_d$ 的情况下，负载电压波形图中正负面积相近，即不论 α 为何值，$\theta \approx 2\pi - 2\alpha$，都有 $U_d = 0$，其波形如图 5-8 所示。

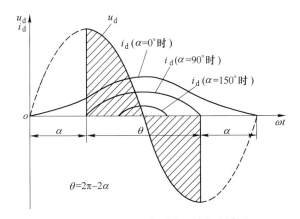

图 5-8　$\omega L \gg R_d$ 时不同 α 的电流波形

在单相半波可控整流电路中，由于电感的存在，整流输出电压的平均值将减小，特别是在大电感负载（$\omega L \gg R_d$）时，输出电压平均值接近于零，负载上得不到应有的电压。解决的办法是在负载两端并联续流二极管，其电路图和波形如图 5-9 所示。

在电源电压正半周 $\omega t = \alpha$ 时，晶闸管触发导通，二极管 D 承受反压不导通，负载上电压波形和不加二极管时相同，此时负载上的负载电流由晶闸管导通提供。当电源电压过零变负时，二极管承受正向电压而导通，负载上电感维持的电流经二极管继续流通，故二极管 D 称为续流二极管。二极管导通时，晶闸管被加上反向电压而关断，此时负载上电压为零（忽略二极管压降），不会出现负压，此时续流二极管 D 维持负载电流。因此负载电流是一个连续且平稳的直流电流。大电感负载时，负载电流波形是一条平行于横轴的直线，其值为 I_d。

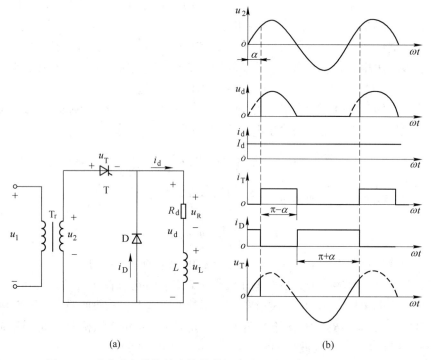

图 5-9　大电感负载接续流管的单相半波整流电路及电流电压波形

　　若设 θ_T 和 θ_D 分别为晶闸管和续流二极管在一个周期内的导通角，则容易得出晶闸管的电压平均值为：

$$I_{dT} = \frac{\theta_T}{2\pi}I_d = \frac{\pi - \alpha}{2\pi}I_d$$

流过续流二极管的电流平均值为：

$$I_{dD} = \frac{\theta_D}{2\pi}I_d = \frac{\pi + \alpha}{2\pi}I_d$$

流过晶闸管和续流管的电流有效值分别为：

$$I_T = \sqrt{\frac{\theta_T}{2\pi}}I_d = \sqrt{\frac{\pi - \alpha}{2\pi}}I_d$$

$$I_D = \sqrt{\frac{\theta_D}{2\pi}}I_d = \sqrt{\frac{\pi + \alpha}{2\pi}}I_d$$

晶闸管与续流管承受的最大电压均为 $\sqrt{2}U_2$。

　　单相半波相控整流电路的优点是线路简单，调整方便；其缺点是输出电压脉动大，负载电流脉动大（电阻性负载时），且整流变压器次级绕组中存在直流电流分量，使铁芯磁化，变压器容量不能充分利用。若不用变压器，则交流回路有直流电流，使电网波形畸变引起额外损耗。因此单相半波相控整流电路只适于小容量、波形要求不高的场合。

5.2.2.2　单相桥式全控整流电路

　　单相半波相控整流电路因其性能较差，仅适用于对整流指标要求低、容量小的装置。

单相桥式全控整流电路使交流电源正、负半周都能输出同方向的直流电压，脉动小，应用比较多。

A　电阻性负载

单相全控桥式整流电路带电阻性负载的电路如图 5 - 10(a) 所示，波形如图 5 - 10(b) 所示。T_1、T_4 和 T_3、T_2 组成 a、b 两个桥臂。

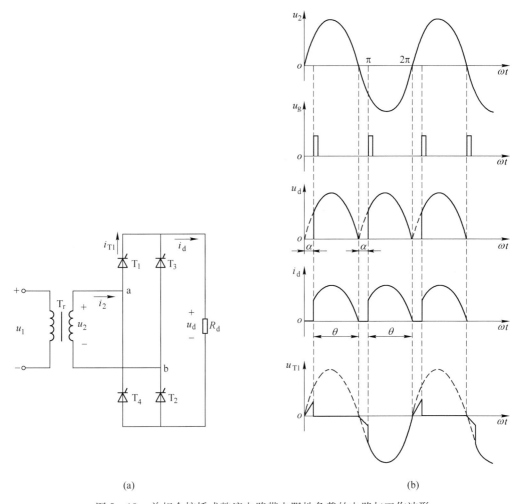

(a)　　　　　　　　　　　　　　　(b)

图 5 - 10　单相全控桥式整流电路带电阻性负载的电路与工作波形

当交流电源电压 u_2 进入正半周时，a 端电位高于 b 端电位，晶闸管 T_1、T_2 同时承受正向电压，如果此时门极无触发信号 u_g，则两个晶闸管仍处于正向阻断状态，电源电压 u_2 全部加在 T_1 和 T_2 上，负载上电压 $u_d = 0$。

在 $\omega t = \alpha$ 时，T_1 和 T_2 同时触发导通，电源电压 u_2 将通过 T_1 和 T_2 加在负载 R_d 上。在 u_2 的正半周期，T_3 和 T_4 均承受反向电压而处于阻断状态。晶闸管导通时的管压降，则负载 R_d 两端的电压 $u_d = u_2$，当电源电压 u_2 降至零时，电流 i_d 也降为零，T_1 和 T_2 自然关断。

电源电压 u_2 进入负半周时，b 端电位高于 a 端电位，晶闸管 T_3、T_4 同时承受正向电压，在 $\omega t = \pi + \alpha$ 时，同时给 T_3 和 T_4 加触发脉冲使其导通，电流经 T_3、R_d、T_4、T_r 二次侧形成回路。在负载 R_d 两端获得与 u_2 正半周相同的整流电压和电流，在这期间 T_1 和 T_2 均承受反向电压而处于阻断状态。

整流输出电压的平均值为：

$$U_d = \frac{1}{\pi}\int_\alpha^\pi \sqrt{2}U_2\sin\omega t\mathrm{d}(\omega t) = \frac{\sqrt{2}}{\pi}U_2(1+\cos\alpha) = 0.9U_2\frac{1+\cos\alpha}{2}$$

由上式知，U_d 为最小值时 $\alpha = 180°$，U_d 为最大值时 $\alpha = 0°$，所以单相全控桥式整流电路带电阻性负载时，α 的移相范围是 $0° \sim 180°$。

整流输出电压的有效值为：

$$U = \sqrt{\frac{1}{\pi}\int_\alpha^\pi(\sqrt{2}U_2\sin\omega t)^2\mathrm{d}(\omega t)} = U_2\sqrt{\frac{\sin 2\alpha}{2\pi} + \frac{\pi-\alpha}{\pi}}$$

输出电流的平均值和有效值分别为：

$$I_d = \frac{U_d}{R_d} = 0.9\frac{U_2}{R_d}\frac{1+\cos\alpha}{2}$$

$$I = \frac{U}{R_d} = \frac{U_2}{R_d}\sqrt{\frac{\sin 2\alpha}{2\pi} + \frac{\pi-\alpha}{\pi}}$$

流过每个晶闸管的平均电流为输出电流平均值的一半，即：

$$I_{dT} = \frac{1}{2}I_d = 0.45\frac{U_2}{R_d}\frac{1+\cos\alpha}{2}$$

流过每个晶闸管的电流有效值为：

$$I_T = \sqrt{\frac{1}{2\pi}\int_\alpha^\pi\left(\frac{\sqrt{2}U_2}{R_d}\sin\omega t\right)^2\mathrm{d}(\omega t)} = \frac{U_2}{\sqrt{2}R_d}\sqrt{\frac{\sin 2\alpha}{2\pi} + \frac{\pi-\alpha}{\pi}} = \frac{I}{\sqrt{2}}$$

晶闸管承受的最大反向电压为 $\sqrt{2}U_2$。

在一个周期内每个晶闸管只导通一次，流过晶闸管的电流波形系数为：

$$K_{fT} = \frac{I_T}{I_{dT}} = \frac{\dfrac{U_2}{\sqrt{2}R_d}\sqrt{\dfrac{\sin 2\alpha}{2\pi} + \dfrac{\pi-\alpha}{\pi}}}{\dfrac{\sqrt{2}U_2}{\pi R_d}\dfrac{1+\cos\alpha}{2}} = \frac{\sqrt{\pi\sin 2\alpha + 2\pi(\pi-\alpha)}}{\sqrt{2}(1+\cos\alpha)}$$

负载电流的波形系数为：

$$K_f = \frac{I}{I_d} = \frac{\sqrt{\pi\sin 2\alpha + 2\pi(\pi-\alpha)}}{2(1+\cos\alpha)}$$

单相全控桥式整流电路与半波整流电路比较：

(1) α 的移相范围相等，均为 $0° \sim 180°$。

(2) 输出电压平均值 U_d 是半波整流电路的 2 倍。

(3) 在相同的负载功率下，流过晶闸管的平均电流减小一半。

(4) 功率因数提高了 $\sqrt{2}$ 倍。

B　大电感负载

单相全控桥式整流电路带阻感负载的电路如图 5 - 11(a) 所示，波形如图 5 - 11(b) 所示。由于电感储能，而且储能不能突变，因此电感中的电流不能突变，即电感具有阻碍电流变化的作用，当流过电感中的电流变化时，在电感两端将产生感应电动势，引起电压降 u_L。负载中电感量的大小不同，整流电路的工作情况及输出 u_d、i_d 的波形具有不同的特点。当负载电感量 L 较小（即负载阻抗角 φ 较小），而控制角 α 较大，以致 $\alpha > \varphi$ 时，负载上的电流会不连续；当电感 L 增大时，负载上的电流不连续的可能性就会减小；当电感 L 很大，且 $\omega L_d \gg R_d$ 时，这种负载称为大电感负载。此时大电感阻止负载中电流的变化，负载电流连续，可看作一条水平直线。

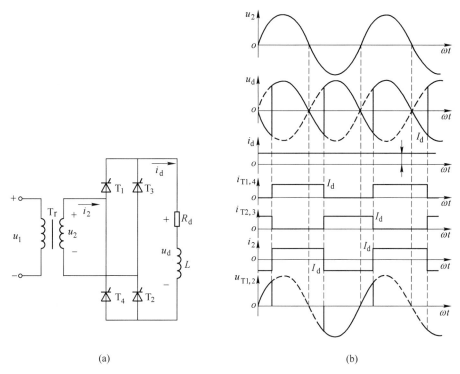

(a)　　　　　　　　　　　(b)

图 5 - 11　单相全控桥式整流电路带阻感负载电路与波形图

值得注意的是，只有当 $\alpha \leqslant \dfrac{\pi}{2}$ 时，负载电流 i_d 才连续；当 $\alpha > \dfrac{\pi}{2}$ 时，负载电流不连续，而且输出电压的平均值接近于零。因此这种电路控制角的移相范围是 $0 \sim \dfrac{\pi}{2}$。

在电流连续的情况下整流输出电压的平均值为：

$$U_d = \frac{1}{\pi} \int_\alpha^{\pi+\alpha} \sqrt{2}U_2 \sin\omega t \, \mathrm{d}(\omega t) = \frac{2\sqrt{2}}{\pi} U_2 \cos\alpha \qquad (0° \leqslant \alpha \leqslant 90°)$$

整流输出电压有效值为：

$$U = \sqrt{\frac{1}{\pi} \int_\alpha^{\pi+\alpha} (\sqrt{2}U_2 \sin\omega t)^2 \mathrm{d}(\omega t)} = U_2$$

晶闸管承受的最大正反向电压为 $\sqrt{2}U_2$。

在一个周期内每组晶闸管各导通 180°，两组轮流导通，变压器次级中的电流是正负对称的方波，电流的平均值 I_d 和有效值 I 相等，其波形系数为 1。

在电流连续的情况下整流输出电压的平均值为：

$$I_{dT} = \frac{\theta_T}{2\pi}I_d = \frac{\pi}{2\pi}I_d = \frac{1}{2}I_d$$

$$I_T = \sqrt{\frac{\theta_T}{2\pi}}I_d = \sqrt{\frac{\pi}{2\pi}}I_d = \frac{1}{\sqrt{2}}I_d$$

单相全控桥式整流电路具有输出电流脉动小、功率因数高、变压器次级中电流为两个等大反向的半波、没有直流磁化问题、变压器的利用率高等优点。注意，在大电感负载情况下，α 接近 $\pi/2$ 时，输出电压的平均值接近于零，负载上的电压太小。且理想的大电感负载是不存在的，故实际电流波形不可能是一条直线，而且在 $\alpha = \pi$ 之前，电流就出现断续。电感量越小，电流开始断续的 α 值就越小。

5.2.3　知识拓展

被充电的蓄电池、电容器、正在运行的直流电动机的电枢（电枢旋转时产生感应电动势 E）等本身是一个直流电压的负载，对于相控整流电路来说，它们就是反电动势负载。其等效电路用电动势 E 和负载回路电阻 R_d 表示。

单相全控桥式整流电路带反电动势负载电路结构如图 5 – 12（a）所示。

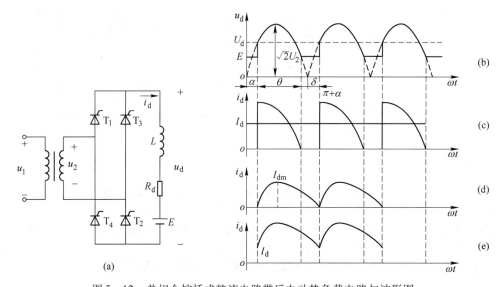

图 5 – 12　单相全控桥式整流电路带反电动势负载电路与波形图

（a）电路结构；（b）u_d 波形；（c）电阻性负载 i_d 波形；（d）感性负载 i_d 波形；（e）大电感负载 i_d 波形

整流电路皆有反电动势负载时，如果整流电路中电感 L 为零，则图 5 – 12（a）中只有当电源电压 u_2 的瞬时值大于反电动势 E 时，晶闸管才会有正向电压，才能触发导通。$u_2 < E$ 时，晶闸管承受反压阻断。在晶闸管导通期间，输出电压 $u_d = E + i_d R_d$，电流 $i_d = \dfrac{u_d - E}{R_d}$。直至 $|u_2| = E$，i_d 降至零时晶闸管关断，此后负载端电压保持为原有电动势 E，故整流输出电压，即负载端直流平均电压比电阻性、电感性负载要高一些。导电角 $\theta < \pi$ 时，整流电流波形出现断流，其波形如图 5 – 12（c）所示，图中 δ 为停止导电角。也就是说与电阻负载时相比，晶闸管提前了 δ 电角度停止导电。

$$\delta = \arcsin \frac{E}{\sqrt{2}U_2}$$

整流器输出端直流电压平均值为：

$$U_d = E + \frac{1}{\pi}\int_{\alpha}^{\pi-\delta}(\sqrt{2}U_2\sin\omega t - E)d(\omega t) = \frac{1}{\pi}[\sqrt{2}U_2(\cos\delta + \cos\alpha)] + \frac{\delta+\alpha}{\pi}E$$

整流电流平均值为：

$$I_d = \frac{1}{\pi}\int_{\alpha}^{\pi-\delta}i_d d(\omega t) = \frac{1}{\pi R_d}[\sqrt{2}U_2(\cos\delta + \cos\alpha) - \theta E]$$

$\alpha < \delta$ 时，若触发脉冲到来，晶闸管因承受负电压不可能导通。为了使晶闸管可靠导通，要求触发脉冲有足够的宽度，保证在 $\omega t = \delta$ 时刻晶闸管开始承受正电压时，触发脉冲仍然存在。这样就要求触发角 $\alpha \geq \delta$。

任务 5.3　三相相控整流电路

【知识目标】

（1）掌握三相相控整流电路的工作原理和波形分析方法。

（2）理解自然换相点的概念。

【能力目标】

（1）具有根据电路分析其原理并能绘制输出电压、输出电流波形的能力。

（2）能正确组装、调试和维修三相可控整流电路并进行参数的测试。

5.3.1　任务描述与分析

当负载容量比较大时，若采用单相相控整流电路，将造成电网三相电压的不平衡，严重影响电网上其他设备的正常运行，因此必须采用三相相控整流电路。三相相控整流电路由于具有输出电压脉动小、脉动频率高等特点，在中、大功率领域中获得了广泛的应用。本任务首先分析三相半波相控整流电路，然后分析三相桥式全控整流电路。

5.3.2　相关知识

5.3.2.1　三相半波相控整流电路

A　电阻性负载

带电阻性负载的三相半波相控整流电路如图 5-13(a) 所示。图中将三个晶闸管的阴极连在一起接到负载端（这种接法称为共阴接法，若将三个晶闸管的阳极连在一起，则称为共阳接法），三个阳极分别接到变压器二次侧，变压器为 △/ Y 接法。共阴接法时触发电路有公共点，接线比较方便，应用更为广泛。

在 $\omega t_1 \sim \omega t_2$ 期间，A 相电压比 B、C 相都高，如果在 ωt_1 时刻触发晶闸管 T_1 导通，负载上得到 A 相电压 u_A。在 $\omega t_2 \sim \omega t_3$ 期间，B 相电压最高，若在 ωt_2 时刻触发 T_2 导通，负

载上得到 B 相电压 u_B，与此同时 T_1 因承受反压而关断。若在 ωt_3 时刻触发 T_3 导通，负载上得到 C 相电压 u_C，并关断 T_2。如此循环下去，输出的整流电压 u_d 是一个脉动的直流电压，它是三相交流相电压正周轴的包络线，在三相电源的一个周期内有三次脉动。输出电流 i_d、晶闸管 T_1 的两端电压 u_{T1} 的波形如图 5 – 13(b) 所示。

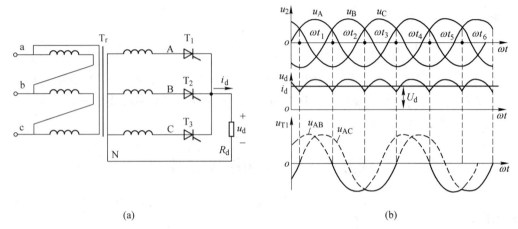

(a)　　　　　　　　　　　　　　　　　(b)

图 5 – 13　电阻性负载的三相半波相控整流电路及波形

　　ωt_1、ωt_2 和 ωt_3 时刻距相电压波形过零点 30°电角度，它是各相晶闸管能被正常触发导通的最早时刻，在该点以前，对应的晶闸管因承受反压，不能触发导通，所以该点称为自然换流点。在三相相控整流电路中，把自然换流点作为计算控制角 α 的起点，即该处 $\alpha = 0°$。图 5 – 13(b) 所示为三相半波相控整流电路在 $\alpha = 0°$ 时的输出电压波形。

　　逐步增大控制角 α，整流输出电压将逐渐减小。当 $\alpha = 30°$ 时，u_d、i_d 波形临界连续。当 $\alpha > 30°$ 时，输出电压和电流波形将不再连续。图 5 – 14 是 $\alpha = 60°$ 时的输出电压波形。若控制角继续增大，整流输出电压将继续减小，当 $\alpha = 150°$ 时，整流输出电压就减小到零。

　　由此可得出，在 $\alpha < 30°$ 时负载电流连续，每个晶闸管的导电角均为 120°；当 $\alpha > 30°$ 时，输出电压和电流波形将不再连续。整流输出电压的脉动频率为 $3 \times 50Hz = 150Hz$（脉波数 $m = 3$）。负载上的电压波形是相电压的一部分，而晶闸管处于截止状态时所承受的电压是线电压却不是相电压。

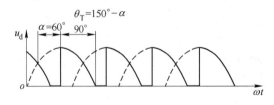

图 5 – 14　三相半波可控整流 $\alpha = 60°$ 的波形图

　　若 A 相电源输入相电压 $u_{2A} = \sqrt{2} U_2 \sin\omega t$，B、C 相相应滞后 120°，则有如下数量关系：

　　(1) 当 $\alpha = 0°$ 时整流输出电压平均值 U_d 最大。增大 α，U_d 减小，当 $\alpha = 150°$ 时，$U_d = 0$。所以带电阻性负载的三相半波相控整流电路的 α 移相范围为 0 ~ 150°。

　　(2) 当 $\alpha \leqslant 30°$ 时，负载电流连续，各相晶闸管每周期轮流导电 120°，即导通角 $\theta_T = 120°$，输出电压平均值为：

$$U_d = \frac{1}{2\pi/3} \int_{\alpha+\frac{\pi}{6}}^{\frac{5}{6}\pi+\alpha} \sqrt{2}U_2\sin\omega t d(\omega t) = 1.17U_2\cos\alpha \qquad (0° \leqslant \alpha \leqslant 30°)$$

（3）当 $\alpha > 30°$ 时，负载电流断续，$\theta = 150° - \alpha$，输出电压平均值 U_d 为：

$$U_d = \frac{1}{2\pi/3} \int_{\frac{\pi}{6}+\alpha}^{\pi} \sqrt{2}U_2\sin\omega t d(\omega t) = 1.17U_2 \frac{1 + \cos(30° + \alpha)}{\sqrt{3}} \qquad (30° < \alpha \leqslant 150°)$$

（4）晶闸管承受的最大反向电压为电源线电压峰值，即 $\sqrt{6}U_2$，最大正向电压为电源相电压，即 $\sqrt{2}U_2$。

（5）负载电流的平均值为：

$$I_d = \frac{U_d}{R_d}$$

流过每个晶闸管的平均电流为：

$$I_{dT} = \frac{1}{3}I_d$$

流过每个晶闸管的电流有效值为：

$$I_T = \frac{U_2}{R_d} \sqrt{\frac{1}{2\pi}\left(\frac{2\pi}{3} + \frac{\sqrt{3}}{2}\cos2\alpha\right)} \qquad (0° \leqslant \alpha \leqslant 30°)$$

$$I_T = \frac{U_2}{R_d} \sqrt{\frac{1}{2\pi}\left(\frac{5\pi}{6} - \alpha + \frac{\sqrt{3}}{4}\cos2\alpha + \frac{1}{4}\sin2\alpha\right)} \qquad (30° \leqslant \alpha \leqslant 150°)$$

B　大电感负载

带大电感负载的三相半波相控整流电路如图 5 - 15 所示。在 $\alpha \leqslant 30°$ 时，u_d 的波形与电阻性负载时相同。当 $\alpha > 30°$ 时，在 ωt_0 时刻触发 T_1 导通，T_1 导通到 ωt_1 时，其阳极电压 u_A 已过零开始变负，但由于电感 L_d 感应电动势的作用，T_1 仍继续维持导通，直到 ωt_2，触发 T_2 导通，T_1 才承受反压而关断，从而使 u_d 波形出现部分负值。尽管 $\alpha > 30°$，由于大电感负载的作用，仍然使各相晶闸管导通 $120°$，保证了电流的连续。

整流输出电压平均值 U_d 为：

$$U_d = \frac{1}{2\pi/3} \int_{\frac{\pi}{6}+\alpha}^{\frac{5}{6}\pi+\alpha} \sqrt{2}U_2\sin\omega t d(\omega t) = 1.17U_2\cos\alpha$$

从上式可以看出，当 $\alpha = 0$ 时 U_d 最大，当 $\alpha = 90°$ 时，$U_d = 0$。因此，大电感负载时，三相半波整流电路的移相范围为 $0 \sim 90°$。

由于是大电感负载，所以电流波形接近于平行线，即 $i_d = I_d$。则流过每个晶闸管的平均电流与有效电流分别为：

$$I_{dT} = \frac{\theta_T}{2\pi}I_d = \frac{120°}{360°}I_d = \frac{1}{3}I_d$$

$$I_T = \sqrt{\frac{\theta_T}{2\pi}}I_d = \sqrt{\frac{1}{3}}I_d = 0.577I_d$$

注意，负载是大电感时，晶闸管可能承受的最大正反向电压都是 $\sqrt{6}U_2$，与电阻性负载只承受 $\sqrt{2}U_2$ 的正反向电压是不同的。

三相半波可控整流电路带大电感负载接续流二极管时，u_d 的波形与纯电阻性负载时一

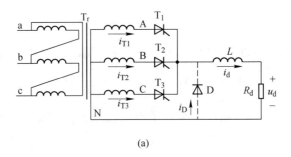

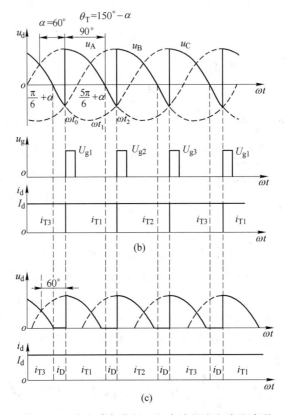

图 5-15 大电感负载的三相半波整流电路及波形

样，U_d 的计算公式也一样，即

$$U_d = \frac{1}{2\pi/3}\int_{\alpha+\frac{\pi}{6}}^{\frac{5}{6}\pi+\alpha} \sqrt{2}U_2\sin\omega t d(\omega t) = 1.17U_2\cos\alpha \qquad (0° \leqslant \alpha \leqslant 30°)$$

负载电流是 $i_d = i_{T1} + i_{T2} + i_{T3} + i_D$。一周期内晶闸管的导通角 $\theta_T = 150° - \alpha$。续流二极管在一周期内导通三次，其导通角 $\theta_D = 3(\alpha - 30°)$。流过晶闸管的平均电流和有效电流分别为：

$$I_{dT} = \frac{\theta_T}{2\pi}I_d = \frac{150° - \alpha}{360°}I_d$$

$$I_T = \sqrt{\frac{\theta_T}{2\pi}}I_d = \sqrt{\frac{150° - \alpha}{360°}}I_d$$

流过续流管的平均电流和有效电流分别为:

$$I_{dD} = \frac{\theta_D}{2\pi}I_D = \frac{\alpha - 30°}{120°}I_d$$

$$I_D = \sqrt{\frac{\theta_D}{2\pi}}I_d = \sqrt{\frac{\alpha - 30°}{120°}}I_d$$

5.3.2.2　三相桥式相控整流电路

A　电阻性负载

三相全控桥式整流电路是由一组共阴极接法的三相半波相控整流电路(共阴极组的晶闸管依次编号为 T_1、T_3、T_5)和一组共阳极接法的三相半波相控整流电路(共阳极组的晶闸管依次编号为 T_2、T_4、T_6)串联起来组成的。共阴极组的自然换流点($\alpha = 0°$)在 ωt_1、ωt_3、ωt_5 时刻,分别触发 T_1、T_3、T_5 晶闸管。共阳极组的自然换流点($\alpha = 0°$)在 ωt_2、ωt_4、ωt_6 时刻,分别触发 T_2、T_4、T_6 晶闸管。晶闸管的导通顺序为: $T_1 \rightarrow T_2 \rightarrow T_3 \rightarrow T_4 \rightarrow T_5 \rightarrow T_6$。三相全控桥式整流电路带电阻负载 $\alpha = 0°$ 时的波形如图 5 – 16 所示。

在 $\omega t_1 \sim \omega t_2$ 期间, ωt_1 时刻触发 T_1, T_1 导通, T_5 因承受反压而关断。此时 T_1 和 T_6 同时导通,电流从 A 相流出,经 T_1、负载、T_6 回到 B 相,负载上电压为 u_{AB}。在 $\omega t_2 \sim \omega t_3$ 期间, ωt_2 时刻触发 T_2, T_2 导通, T_6 关断。此时 T_1 和 T_2 同时导通,负载上电压为 u_{AC}。在 $\omega t_3 \sim \omega t_4$ 期间, ωt_3 时刻触发 T_3, T_3 导通, T_1 关断。此时 T_2 和 T_3 同时导通,负载电压为 u_{BC}。以此类推,在 $\omega t_4 \sim \omega t_5$ 期间 T_3 和 T_4 同时导通,负载上电压是 u_{BA}。在 $\omega t_5 \sim \omega t_6$ 期间 T_4 和 T_5 同时导通,负载电压为 u_{CA}。在 $\omega t_6 \sim \omega t_7$ 期间 T_5 和 T_6 同时导通,负载上电压为 u_{CB}。到 $\omega t_7 \sim \omega t_8$ 起,重复从 $\omega t_1 \sim \omega t_2$ 开始这一过程。在一个周期内负载上得到如图 5 – 16 (d)所示的整流输出电压波形,它是线电压波形正半部分的正向包络线,其基波频率为 300Hz,脉动较小。

带电阻负载时三相桥式全控整流电路角 α 的移相范围是 120°。

通过波形分析可知,当 $\alpha < 60°$ 时, u_d 和 i_d 的波形形状都是一样的,都是连续的。而当 $\alpha > 60°$ 时, u_d 和 i_d 的波形都是断续的。

整流输出电压的平均值为:

$$U_d = \frac{1}{\pi/3}\int_{\frac{\pi}{3}+\alpha}^{\frac{2\pi}{3}+\alpha} \sqrt{6}U_2\sin\omega t \, d(\omega t)$$

$$= \frac{3\sqrt{6}}{\pi}U_2\cos\alpha = 2.34U_2\cos\alpha \qquad (\alpha < 60°)$$

$$U_d = \frac{1}{\pi/3}\int_{\frac{\pi}{3}+\alpha}^{\pi} \sqrt{6}U_2\sin\omega t \, d(\omega t)$$

$$= 2.34U_2\left[1 + \cos\left(\frac{\pi}{3} + \alpha\right)\right] \qquad (\alpha > 60°)$$

晶闸管承受的最大正、反向峰值电压为 $\sqrt{6}U_2$。

B　大电感负载

图 5 – 17(a)所示是三相全控桥式整流电路带电感负载的电路。这里只讨论大电感负载($\omega L \gg R_d$)的情况。

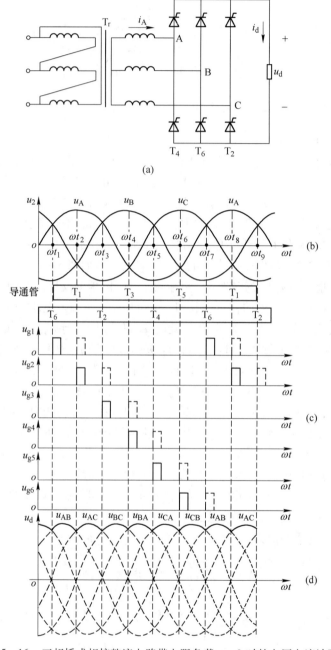

图 5-16　三相桥式相控整流电路带电阻负载 $\alpha = 0$ 时的电压电流波形

　　图 5-17(b) ~ (e) 所示为带大电感负载的三相全控桥式整流电路在 $\alpha = 0°$ 时的电流电压波形。由三相半波电路分析可知，共阴极组的自然换流点（$\alpha = 0$）在 ωt_1、ωt_3、ωt_5 时刻，分别触发 T_1、T_3、T_5 晶闸管，同理可知共阳极组的自然换流点（$\alpha = 0°$）在 ωt_2、ωt_4、ωt_6 时刻，分别触发 T_2、T_4、T_6 晶闸管。晶闸管的导通顺序为：$T_1 \rightarrow T_2 \rightarrow T_3 \rightarrow T_4 \rightarrow T_5 \rightarrow T_6$。

　　通过结合电路和波形分析可知，三相全控桥式整流电路带电感负载的电路在 $\alpha = 0°$ 时，负载上的电压波形与三相全控桥式整流电路带电阻性负载在 $\alpha = 0°$ 时的波形完全一样。

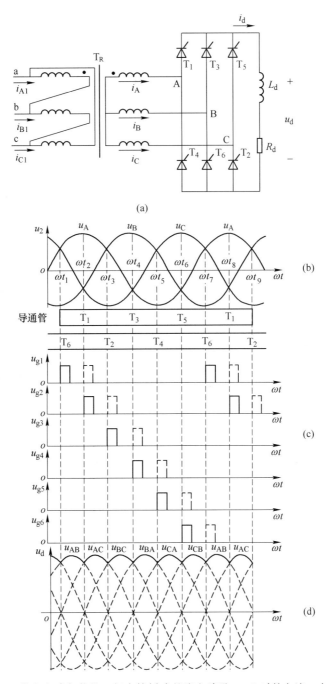

图 5-17　带大电感负载的三相全控桥式整流电路及 α=0 时的电流、电压波形

当 $\alpha \leqslant 60°$ 时，u_d 波形均为正值；当 $60° < \alpha < 90°$ 时，由于电感的作用，u_d 波形出现负值，但正面积大于负面积，电压平均值 U_d 仍为正值；当 $\alpha = 90°$ 时，正负面积基本相等，即 $U_d = 0$。所以，在 $0 \leqslant \alpha \leqslant 90°$ 范围内负载电流连续。因此当控制角为 α 时，整流输出电压的平均值为：

$$U_d = \frac{1}{\pi/3}\int_{\frac{\pi}{3}+\alpha}^{\frac{2\pi}{3}+\alpha} \sqrt{6}U_2\sin\omega t\,\mathrm{d}(\omega t) = \frac{3\sqrt{6}}{\pi}U_2\cos\alpha = 2.34U_2\cos\alpha \qquad (0° \leqslant \alpha \leqslant 90°)$$

负载电流平均值为：

$$I_d = \frac{U_d}{R_d} = 2.34\frac{U_2}{R_d}\cos\alpha$$

三相全控桥式整流电路中，晶闸管换流只在本组内进行，每隔120°换流一次，即在电流连续的情况下，每个晶闸管的导通角 $\theta_T = 120°$。因此流过晶闸管的电流平均值和有效值分别为：

$$I_{dT} = \frac{\theta_T}{2\pi}I_d = \frac{120°}{360°}I_d = \frac{1}{3}I_d$$

$$I_T = \sqrt{\frac{\theta_T}{2\pi}}I_d = \sqrt{\frac{1}{3}}I_d = 0.577I_d$$

晶闸管承受的最大电压为$\sqrt{6}U_2$。

5.3.3　知识拓展

三相桥式相控整流电路中，要使负载中有电流流过，共阳极组和共阴极组必须各有一个晶闸管同时导通，也就是说必须对两组中应导通的晶闸管同时加触发脉冲。为此采用的触发脉冲有两种形式，即宽脉冲触发和双脉冲触发。

（1）宽脉冲触发：脉冲宽度大于60°（一般取80°~100°）。

（2）双脉冲触发：用两个窄脉冲代替宽脉冲，两个窄脉冲的前沿相差60°，脉宽一般为20°~30°。

双脉冲触发电路较复杂，但要求的触发电路输出功率小。宽脉冲触发电路虽可少输出一半脉冲，但为了不使脉冲变压器饱和，需将铁芯体积做得较大，绕组匝数较多，导致漏感增大，脉冲前沿不够陡，对于晶闸管串联使用不利。虽可用去磁绕组改善这种情况，但又使触发电路复杂化。因此常用的是双脉冲触发。

习　题

5-1　晶闸管的导通条件是什么？晶闸管的关断条件是什么？如何实现？

5-2　某晶闸管的型号规格为KP200-8D，试问型号规格代表什么意义？

5-3　晶闸管的非正常导通方式有哪几种？

5-4　型号为KP100-3，维持电流 $I_H = 4\text{mA}$ 的晶闸管，使用在图5-18所示电路中是否合理？为什么？（暂不考虑电压电流裕量）

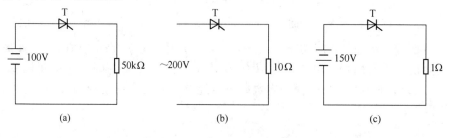

图5-18　题5-4图

5-5　如图 5-19 所示，试画出负载 R_d 上的电压波形（不考虑管子的导通压降）。

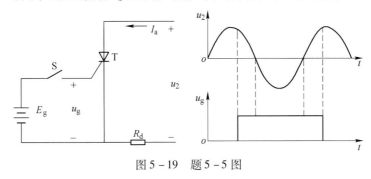

图 5-19　题 5-5 图

5-6　单相半波相控整流电路中，如（1）晶闸管门极不加触发脉冲；（2）晶闸管内部短路；（3）晶闸管内部断开。试分析上述 3 种情况负载两端电压 u_d 和晶闸管两端电压 u_T 的波形。

5-7　某一电阻性负载，需要直流电压 120V、电流 30A。今采用单相全控桥式整流电路，直接由 220V 电网供电。试计算将晶闸管的导通角、电流有效值。

5-8　某单相全控桥式整流电路给电阻性负载和大电感负载供电，在流过负载电流平均值相同的情况下，哪一种负载的晶闸管额定电流应选择大一些？

5-9　某电阻性负载的单相半控桥式整流电路，若其中一只晶闸管的阳、阴极之间被烧断，试画出整流二极管、晶闸管两端和负载电阻两端的电压波形。

5-10　某电阻性负载，$R_d = 50\Omega$，要求 U_d 在 0～600V 范围内可调，试用单相半波和单相全控桥两种整流电路来供给，分别计算：

（1）晶闸管额定电压、电流值；

（2）连接负载的导线截面积（导线允许电流密度 $j = 6A/mm^2$）；

（3）负载电阻上消耗的最大功率。

5-11　三相半波相控整流电路带大电感负载，$R_d = 10\Omega$，相电压有效值 $U_2 = 220V$。求 $\alpha = 45°$ 时负载直流电压 U_d、流过晶闸管的平均电流 I_{dT} 和有效电流 I_T，画出 U_d、i_{T_2}、u_{T_3} 的波形。

5-12　现有单相半波、单相桥式、三相半波三种整流电路带电阻性负载，负载电流 I_d 都是 40A，问流过与晶闸管串联的熔断器的平均电流、有效电流各为多大？

5-13　三相全控桥式整流电路带大电感负载，负载电阻 $R_d = 4\Omega$，要求 U_d 在 0～200V 之间变化。试求：

（1）不考虑控制角裕量时，整流变压器二次线电压；

（2）计算晶闸管电压、电流值；如电压、电流取 2 倍裕量，选择晶闸管型号。

5-14　三相半波相控整流电路带电动机负载并串入足够大的电抗器，相电压有效值 $U_2 = 220V$，电动机负载电流为 40A，负载回路总电阻为 0.2Ω，求当 $\alpha = 60°$ 时流过晶闸管的电流平均值与有效值、电动机的反电势。

5-15　三相全控桥电路带串联 L_d 的电动机负载，已知变压器二次电压为 100V，变压器每相绕组折合到二次侧的漏感 L_1 为 100μH，负载电流为 150A，求：

（1）由于漏抗引起的换相压降；

（2）该压降所对应整流装置的等效内阻及 $\alpha = 0$ 时的换相重叠角。

情境 6 逆变电路的分析与测试

在实际应用中，需要将直流电能变成交流电能，这种电能的变换过程，称为逆变。把直流电能逆变成交流电能的电路称为逆变电路。

如果将逆变电路的交流侧接到交流电网上，把直流电能逆变成同频率的交流电能反送到电网去，称为有源逆变。有源逆变用于直流电动机的可逆调速、绕线型异步电动机的串级调速、高压直流输电和太阳能发电等方面。如果逆变器的交流侧不与电网连接，而是直接接到负载，即将直流电能逆变成某一频率或可变频率的交流电能供给负载，则称为无源逆变。无源逆变在交流电动机变频调速、感应加热、不间断电源等方面应用广泛。

任务6.1 全控型器件

【知识目标】

（1）掌握全控型器件电气符号、工作原理、主要参数。
（2）理解全控型器件的驱动电路及使用注意事项。

【能力目标】

熟悉全控型电力电子器件各自的特点以及使用场合。

6.1.1 任务描述与分析

全控型器件通过对基极（门极、栅极）的控制，既能控制其导通，又能控制其关断，同时它又具有耐高压、电流大等特点。本任务简要介绍可关断晶闸管和电力晶体管的基本知识，有助于掌握电力场效应晶体管和绝缘栅双极晶体管。

6.1.2 相关知识

6.1.2.1 可关断晶闸管

可关断晶闸管（Gate Turn Off Thyristor，GTO），是门极可关断晶闸管的简称，它是晶闸管的派生器件之一。在其门极施加不同的控制信号，既可以控制其开通又可以控制其关断，是全控型器件。由于 GTO 的电流、电压容量较大，因此 GTO 广泛应用于兆瓦级以上的大功率场合，如高电压、大功率直流斩波调速装置和逆变器中。

A GTO 的结构

GTO 与普通晶闸管的相同之处在于：为 PNPN 四层半导体结构，外部引出阳极 A、阴极 K 和门极 G。

GTO 和普通晶闸管的不同之处在于：GTO 是一种多元的功率集成器件，内部包含数十个甚至数百个共阳极的小 GTO 元，这些 GTO 元的阴极和门极在器件内部并联在一起。这种特殊结构是为了便于实现门极控制关断而设计的。

图 6-1(a) 所示为 GTO 芯片的实际图形；图 6-1(b) 所示为 GTO 的结构；图 6-1(c)所示为 GTO 的电气图形符号。

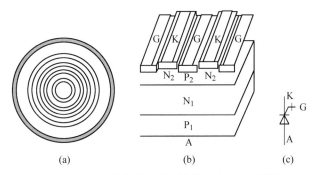

图 6-1　GTO 的外形、内部结构和电气图形符号

B　GTO 的工作原理

GTO 的导通机理与 SCR 是相同的，即 GTO 一旦导通之后，门极信号是可以撤除的。但在制作 GTO 时采用特殊的工艺使管子导通后处于临界饱和，而不像普通晶闸管那样处于深饱和状态，这样可以用门极负脉冲电流破坏临界饱和状态使其关断。

GTO 在关断机理上与 SCR 是不同的。门极加负脉冲即从门极抽出电流（即抽取饱和导通时储存的大量载流子），强烈正反馈使器件退出饱和而关断。

C　GTO 的主要参数

（1）最大可关断阳极电流 I_{ATO}：它是 GTO 的额定电流。

（2）电流关断增益 β_{off}：GTO 的门极可关断能力可用电流关断增益 β_{off} 来表征。β_{off} 为最大可关断阳极电流 I_{ATO} 与门极负脉冲电流最大值 I_{GM} 之比，即

$$\beta_{off} = \frac{I_{ATO}}{I_{GM}}$$

β_{off} 一般很小，不超过 3~5。这正是 GTO 的缺点。一个 1000A 的 GTO 关断时门极负脉冲电流峰值要 200A。

（3）开通时间 t_{on}：GTO 的导通过程与普通晶闸管一样，只是导通时饱和程度较浅，需经过延迟时间 t_d 和上升时间 t_r，因此 GTO 的开通时间为延迟时间与上升时间之和，即

$$t_{on} = t_d + t_r$$

延迟时间一般为 1~2ms，上升时间则随通态阳极电流值的增大而增大。

（4）关断时间 t_{off}：一般指储存时间和下降时间之和，不包括尾部时间。

GTO 的关断过程与普通晶闸管不同，主要经过储存时间、下降时间和尾部时间三个过程。其中储存时间 t_s 是抽取饱和导通时储存的大量载流子，使等效晶体管退出饱和所需时间；下降时间 t_f 是等效晶体管从饱和区退至放大区，阳极电流逐渐减小的时间；尾部时间 t_t 是残存载流子复合所经历的时间。通常 t_f 比 t_s 小得多，而 t_t 比 t_s 要长。门极负脉冲电流幅值越大，前沿越陡，抽走储存载流子的速度越快，t_s 越短。门极负脉冲的后沿缓慢衰

减，在 t_t 阶段仍保持适当负电压，则可缩短尾部时间。

GTO 的储存时间随阳极电流的增大而增大，下降时间一般小于2ms。

D　GTO 的驱动与保护

（1）GTO 门极驱动电路。门极驱动电路如图 6 - 2 所示，对其要求是：

1）GTO 门极正向驱动电流的前沿必须有足够的幅度和陡度，正脉冲的后沿陡度应平缓。

2）GTO 门极反向关断电流的前沿尽可能陡，而且持续时间要超过 GTO 的尾部时间，还要求关断门极电流脉冲的后沿陡度应尽量小。

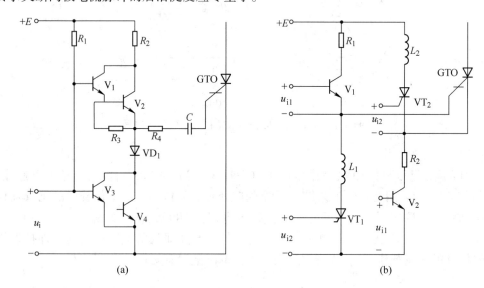

图 6 - 2　GTO 门极驱动电路

（a）小容量 GTO 门极驱动电路；（b）较大容量 GTO 桥式门极驱动电路

（2）GTO 的保护电路。图 6 - 3 所示为 GTO 的阻容缓冲电路。图 6 - 3（a）只适用于小电流电路；图 6 - 3（b）中由于加在 GTO 上的初始电压上升率大，因而在 GTO 电路中不推荐使用；图 6 - 3（c）与（d）是较大容量 GTO 电路中常见的缓冲器，其二极管尽量选用速度快的二极管，并使接线短，从而使缓冲器电容效果更显著。

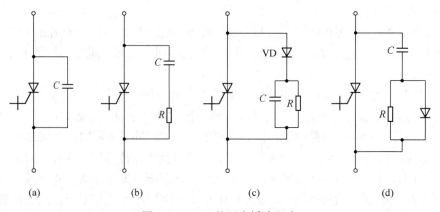

（a）　　　　　　（b）　　　　　　（c）　　　　　　（d）

图 6 - 3　GTO 的阻容缓冲电路

6.1.2.2　电力晶体管

电力晶体管（Giant Transistor，GTR），是一种耐高电压、大电流的双极结型晶体管（Bipolar Junction Transistor，BJT）。它由基极电流控制其通断，属于全控型器件。在电力电子技术的范围内，GTR 与 BJT 这两个名称是等效的。虽然从 20 世纪 80 年代以来，电力晶体管在中、小功率范围内得到广泛应用，取代了晶闸管，但目前又大多被 IGBT 和电力MOSFET 取代。

A　GTR 的结构和工作原理

a　结构

电力晶体管的结构与小功率晶体管非常相似，由三层半导体和两个 PN 结组成。与小功率晶体管一样，电力晶体管有 PNP 和 NPN 两种类型，GTR 通常多用 NPN 结构。

图 6-4(a) 所示为 NPN 型电力晶体管的内部结构，图 6-4(b) 所示为 NPN 型电力晶体管的符号。大多数 GTR 是用三重扩散法制成的，或者是在集电极高掺杂的 N^+ 硅衬底上用外延生长法生长一层 N 漂移层，然后在上面扩散 P 基区，接着扩散掺杂的 N^+ 发射区。

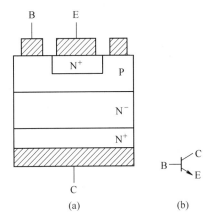

图 6-4　NPN 型电力晶体管的内部结构和图形符号

b　工作原理

GTR 与普通的双极结型晶体管的基本原理是一样的，主要工作在开关状态，通常采用共发射极接法。GTR 通常工作在正偏（$I_b > 0$）时大电流导通、反偏（$I_b < 0$）时截止。因此，给 GTR 的基极施加幅度足够大的脉冲驱动信号，它将工作于导通和截止的开关状态。

B　GTR 的特性

GTR 共射电路输出特性曲线如图 6-5 所示，分为截止区（又称阻断区）、线性放大区、准饱和区和深饱和区四个区域。

（1）截止区：$I_B < 0$（或 $I_B = 0$），$U_{BE} < 0$，$U_{BC} < 0$，GTR 承受高电压，且有很小的穿透电流流过，类似于开关的断态。

（2）线性放大区：$U_{BE} > 0$，$U_{BC} < 0$，$I_C = \beta I_B$，GTR 应避免工作在线性区以防止大功耗损坏 GTR。

（3）准饱和区：随着 I_B 的增大，此时 $U_{BE} > 0$，$U_{BC} > 0$，但 I_C 与 I_B 之间不再呈线性关系，β 开始下降，曲线开始弯曲。

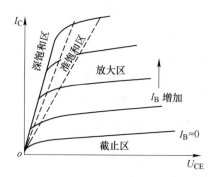

图 6-5　共发射极接法时 GTR 的输出特性

（4）深饱和区：$U_{BE} > 0$，$U_{BC} > 0$，I_B 变化时 I_C 不再改变，管压降 U_{CES} 很小，类似于开关的通态。

　　C　GTR 的主要参数

（1）最高工作电压。电力晶体管上所施加的电压超过规定值时，就会发生击穿。击穿电压不仅和晶体管本身特性有关，还和外部电路的接法有关。

1）$U_{(BR)CBO}$：发射极开路时，集基极能承受的最高电压。

2）$U_{(BR)CEO}$：基极开路时，集射极能承受的最高电压。

3）$U_{(BR)CER}$：实际电路中，GTR 发射极与基极之间常接有电阻，用 $U_{(BR)CER}$ 表示集电极和发射极之间的击穿电压。

4）$U_{(BR)CES}$：发射极和基极短路时，集电极和发射极之间的击穿电压。

5）$U_{(BR)CEX}$：发射结反向偏置时，集电极和发射极之间的击穿电压。

这几个电压的关系为：$U_{(BR)CBO} > U_{(BR)CEX} > U_{(BR)CES} > U_{(BR)CER} > U_{(BR)CEO}$，使用时为确保安全，GTR 的最高工作电压要比 $U_{(BR)CEO}$ 低得多。

（2）集电极电流最大值 I_{CM}。当流过 GTR 的电流过大时，GTR 的参数会劣化，性能会变得不稳定，尤其是发射极的集边效应可能会导致 GTR 损坏。因此，必须规定集电极最大允许电流值。一般以 β 值下降到额定值的 $1/3 \sim 1/2$ 时的 I_C 值定为 I_{CM}。实际使用时要留有较大的安全裕量，只能用到 I_{CM} 的一半或再略多一点。

（3）最大耗散功率 P_{CM}。最大耗散功率是 GTR 在最高结温时所对应的耗散功率，它等于集电极工作电压与集电极工作电流的乘积。GTR 将这部分能量转化为热能使管温升高，因此在使用中要特别注意 GTR 的散热，如果散热条件不好，GTR 会因温度过高而迅速损坏。实际使用时，P_{CM} 与散热条件及工作环境温度有关。所以在使用中应特别注意 i_C 值不能过大，散热条件要好。

（4）最高结温 T_{jM}。GTR 的最高结温与半导体材料性质、器件制造工艺、封装质量有关。一般情况下，塑封硅管 T_{jM} 为 $125 \sim 150℃$，金封硅管 T_{jM} 为 $150 \sim 170℃$，高可靠平面管 T_{jM} 为 $175 \sim 200℃$。

　　D　GTR 的二次击穿和安全工作区

（1）二次击穿。集电极电压升高至前面所述的击穿电压时，I_c 迅速增大，出现雪崩击穿，称为一次击穿。发生一次击穿时，只要 I_c 不超过限度，GTR 一般不会损坏，工作特性也不变。一次击穿出现后，如果继续增大 I_c 到某个临界点时，U_{CE} 会突然降低到一个较小的值，然后 I_C 会突然急剧上升，这种现象称为二次击穿。二次击穿会在很短的时间里导致器件的永久损坏，或者工作特性明显衰变。

把 I_B 在不同情况下的二次击穿临界点用虚线连接起来，就构成了二次击穿临界线，临界线上的点反映了二级击穿功率 P_{SB}。

（2）安全工作区。GTR 在工作时不能超过集电极最大电流 I_{CM}、最高工作电压 U_{CEM} 和最大功耗 P_{CM}，也不能超过二次击穿临界线。这些限制条件就规定了电力晶体管的安全工作区 SOA（Safe Operating Area）。

按基极偏置分类，安全工作区可分为正偏安全区 FBSOA（见图 6 - 6a）和反偏安全区 RBSOA（见图 6 - 6b）。

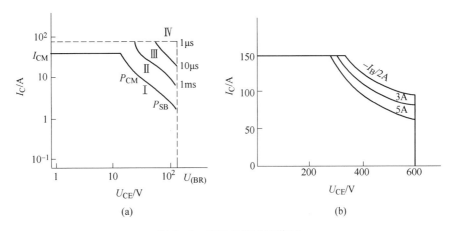

图 6 - 6　GTR 的安全工作区

（a）FBSOA；（b）RBSOA

E　GTR 的驱动与保护

a　GTR 基极驱动电路

图 6 - 7 为实用的 GTR 基极驱动电路。GTR 基极驱动电路的要求是：

（1）主电路与控制电路间应有电隔离。这是由于 GTR 主电路电压较高，而控制电路电压较低。

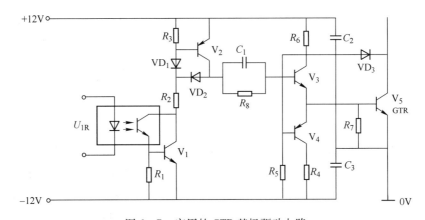

图 6 - 7　实用的 GTR 基极驱动电路

（2）GTR 导通时，基极正向驱动电流应有足够陡的前沿，并具有一定幅度的强制电流，以加快开通过程，从而减小开通损耗。

（3）GTR 导通期间，基极电流都应使 GTR 处于临界饱和状态，这样既可缩短关断时间，还可降低导通饱和压降。

（4）GTR 关断时，基极应提供足够大的反向基极电流，以加快关断速度，减小关断损耗。

（5）应具有较强的抗干扰能力，并有一定的保护功能。

b　GTR 的保护电路

图 6 - 8（a）所示的 RC 缓冲电路简单，对关断时集电极 - 发射极间电压上升有抑制作用。这种电路只适用于小容量的 GTR（电流 10A 以下）。

图 6 - 8（b）所示充放电型 R、C、VD 缓冲电路增加了缓冲二极管 VD_2，可以用于大容量的 GTR。但它的损耗（在缓冲电路的电阻上产生的）较大，不适合用于高频开关电路。

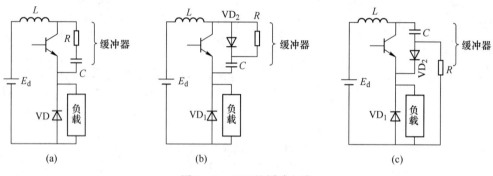

(a)　　　　　　　　　　(b)　　　　　　　　　　(c)

图 6 - 8　GTR 的缓冲电路

图 6 - 8（c）所示阻止放电型 R、C、VD 缓冲电路，较常用于大容量 GTR 和高频开关电路，其最大优点是缓冲产生的损耗小。

6.1.2.3　电力 MOSFET

电力场效应管分为结型和绝缘栅型，但通常主要指绝缘栅型中的 MOS 型（Metal Oxide Semiconductor FET），简称电力 MOSFET。电力 MOSFET 是用栅极电压来控制漏极电流的，属于电压控制型。它具有驱动电路简单、需要的驱动功率小、开关速度快、工作频率高、热稳定性优于 GTR 等特点。由于电力 MOSFET 电流容量小，耐压低，只适用于功率不超过 10kW 的小功率电力电子装置。

A　电力 MOSFET 的结构和工作原理

a　电力 MOSFET 的结构

小功率 MOS 管采用水平结构，即器件的源极 S、栅极 G 和漏极 D 均被置于芯片的同一侧，导电沟道平行于芯片表面，是横向导电器件。这种结构通态电阻大，使其很难通过很大的电流。电力 MOSFET 采用二次扩散工艺的垂直结构，即将漏极 D 移到芯片的另一侧，使从漏极到源极的电流垂直于芯片电流表面流过，这样有利于提高电流密度和减小芯片面积。这种采用垂直导电方式的双扩散场控晶体管，简称为 VDMOS。本节主要以 VD-

MOS 型器件为例进行讨论。

图 6 - 9(a) 是电力 MOSFET 的内部结构图，图 6 - 9(b) 是电力 MOSFET 的电气图形符号。

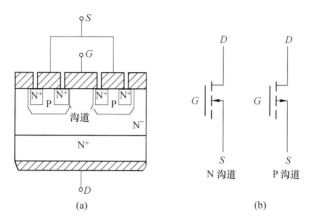

图 6 - 9　电力 MOSFET 的结构和电气图形符号

b　电力 MOSFET 的工作原理

（1）截止。当栅源电压 $U_{GS} \leq 0$，栅极下的 P 型区表面呈多子的堆积状态，不可能出现反型层，无导电沟道形成，D、S 间相当于两个反向串联的二极管。

当 $0 < U_{GS} \leq U_{GS(TH)}$（$U_{GS(TH)}$ 为开启电压，又称阈值电压）时，栅极下面的 P 型区表面呈耗尽状态，不会出现反型层也不会形成导电沟道。

这两种情况，即使施加漏极电压 U_{DS}，也不会出现漏极电流 I_D。VDMOS 管处于截止状态。

（2）导通。当 $U_{GS} > U_{GS(TH)}$ 时，栅极下面的 P 型区发生反型从而形成导电沟道。若此时漏极电压 $U_{DS} > 0$，则会出现漏极电流 I_D，VDMOS 管处于导通状态，且 U_{DS} 越大，I_D 也越大。另外，在 U_{DS} 相同情况下，I_D 受控于栅源电压 U_{GS}。

B　电力 MOSFET 的特性

（1）转移特性。转移特性是指电力 MOSFET 的输入栅、源电压 u_{GS} 与输出漏极电流 i_D 之间的关系，如图 6 - 10(a) 所示。当 $u_{GS} < U_{GS(TH)}$ 时，i_D 近似为零；当 $u_{GS} > U_{GS(TH)}$ 时，随着 u_{GS} 的增大，i_D 也越大。当 i_D 较大时，i_D 与 u_{GS} 的关系近似为线性。曲线的斜率被定义为跨导 g_m，则有：

$$g_m = \frac{\mathrm{d}i_D}{\mathrm{d}u_{GS}}$$

（2）输出特性。输出特性是指以栅、源电压 u_{GS} 为参变量，漏极电流 i_D 与漏、源电压 u_{DS} 之间的关系曲线，如图 6 - 10(b) 所示。

电力 MOSFET 的工作区可以分为截止区、饱和区和非饱和区。

1）截止区：$u_{GS} \leq U_{GS(TH)}$，$i_D = 0$。$U_{GS(TH)}$ 的典型值为 2 ~ 4V。

2）饱和区（又称有源区）：$u_{GS} > U_{GS(TH)}$，$u_{DS} \geq u_{GS} - U_{GS(TH)}$，当 u_{GS} 不变时，i_D 几乎不随 u_{DS} 的增加而增加，近似为一常数。这里的饱和区与电力晶体管的饱和区不同，而是与后者的放大区对应。当用做线性放大时，MOSFET 工作在该区。

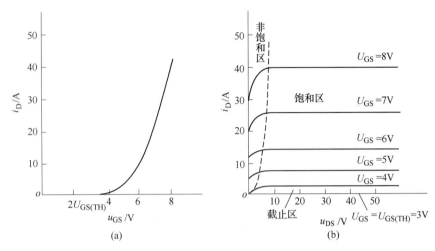

图 6 – 10　电力 MOSFET 的特性

（a）转移特性；（b）输出特性

3）非饱和区（又称线性导通区）：$u_{GS} > U_{GS(TH)}$，$u_{DS} < u_{GS} - U_{GS(TH)}$，漏、源电压 u_{DS} 和漏极电流 i_D 之比近似为一常数。该区对应于电力晶体管的饱和区。当 MOSFET 作开关应用而导通时即工作在该区。

C　电力 MOSFET 的主要参数

（1）漏极电压 U_{DS}。U_{DS} 表征电力 MOSFET 的额定电压，选用时必须留有较大安全裕量。

（2）最大漏极电流 I_{DM}。I_{DM} 表征器件的额定电流。当 $U_{GS} = 10V$，U_{DS} 为某一数值时，漏源间允许通过的最大电流称为最大漏极电流。其大小主要受管子的温升限制。

（3）栅源电压 U_{GS}。栅极与源极之间的绝缘层很薄，承受电压很低，一般不超过 20V。若 $U_{GS} > 20V$ 将导致绝缘层击穿而损坏管子。

（4）极间电容。电力 MOSFET 极间电容包括 C_{GS}、C_{GD} 和 C_{DS}。器件生产厂家通常给出输入电容 C_{in}、输出电容 C_{out} 和反馈电容 C_f，它们与各极间电容的关系表达式为：

$$C_{in} = C_{GS} + C_{GD}$$
$$C_{out} = C_{DS} + C_{GD}$$
$$C_f = C_{GD}$$

以上电容的数量均与漏、源电压 U_{DS} 有关，U_{DS} 越高，极间电容就越小。当 $U_{DS} > 25V$ 时，各电容值趋于恒定。

D　电力 MOSFET 的驱动与保护

a　电力 MOSFET 的驱动

图 6 – 11 所示为电力 MOSFET 的驱动电路。电力 MOSFET 栅极驱动电路的要求是：

（1）驱动电路能够向栅极提供需要的栅极电压，以保证可靠开通和关断电力 MOSFET。

（2）减小驱动电路的输出电阻，提高栅极充、放电速度，以提高电力 MOSFET 的开关速度。

（3）主电路与控制电路之间要进行电隔离。

（4）驱动电路应具有较强的抗干扰能力。

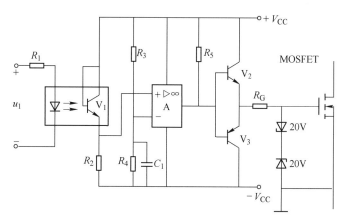

图 6 - 11　电力 MOSFET 的一种驱动电路

b　电力 MOSFET 的保护

（1）防止静电击穿。

1）在测试和接入电路之前器件应存放在静电包装袋、导电材料或金属容器中。

2）将器件焊接时，工作台和烙铁都必须良好接地，焊接时烙铁应断电。

3）在测试器件时，测量仪器和工作台都必须良好接地。

4）注意栅极电压不要过限。

（2）防止偶然性振荡损坏器件。

（3）防止过电压。

（4）防止过电流。

（5）消除寄生晶体管和二极管的影响

6.1.2.4　绝缘栅双极型晶体

绝缘栅双极型晶体管（Insulated Gate Bipolar Transistor，IGBT）是一种复合型电力电子器件，它兼具功率 MOSFET 高速开关特性和 GTR 的低导通压降特性的优点，既具有输入阻抗高、速度快、热稳定性好和驱动电路简单的优点，又具有输入通态电压低、耐压高和承受电流大的优点。在变频器、电动机驱动、开关电源以及其他要求速度快、损耗低的领域，IGBT 正逐渐占据着主导地位，并有取代 GTR 的趋势。

A　IGBT 的结构和工作原理

a　IGBT 的结构

IGBT 也是一种多元结构的器件，如图 6 - 12(a) 所示，它是在 VDMOS 管基础上增加了一个 P^+ 层，形成了一个新的 PN 结 J_1，使得 IGBT 导通时由 P^+ 注入区向 N 基区发射少数载流子，从而对漂移区电导率进行调制。IGBT 具有很强的通流能力。其简化等效电路如图 6 - 12(b) 所示。IGBT 有三个电极，分别是集电极 C、发射极 E 和栅极 G。图 6 - 12(c)是它的电气符号。由此可见，IGBT 是以 GTR 为主导器件、电力 MOSFET 为驱动器件的复合管。

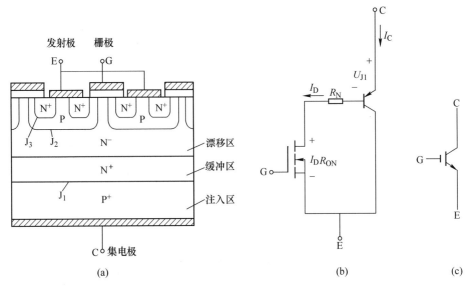

图 6 – 12　IGBT 的内部结构、简化等效电路和电气图形符号
(a) 内部结构；(b) 简化等效电路；(c) 电气图形符号

b　IGBT 的工作原理

IGBT 的驱动原理与电力 MOSFET 基本相同，也属于场控器件，是一种由栅极和发射极间的电压 U_{GE} 控制集电极电流的栅控自关断器件。

当 U_{GE} 大于开启电压 $U_{GE(TH)}$ 时，MOSFET 内形成沟道，为晶体管提供基极电流，IGBT 导通。此时，从 P⁺ 区注入到 N⁻ 区的空穴（少子）对 N⁻ 区进行电导调制，从而减小了 N⁻ 区的电阻，使其通态压降小。这是与电力 MOSFET 的最大区别，也是 IGBT 可以大电流化的原因。

当栅射极间施加反压或不加信号时，MOSFET 内的沟道消失，晶体管的基极电流被切断，IGBT 关断。

综上所述，IGBT 是一种由栅极电压 U_{GE} 控制集电极电流 I_C 的全控型器件。

B　IGBT 的特性

(1) IGBT 的伏安特性。IGBT 的伏安特性如图 6 – 13(a) 所示，反映在一定的栅极 – 发射极电压 U_{GE} 下器件的输出端电压 U_{CE} 与电流 I_C 的关系。U_{GE} 越高，I_C 越大。IGBT 的伏安特性分为截止区、有源放大区、饱和区和击穿区。IGBT 与 MOSFET 和 GTR 不同，在集 – 射极间施加反向电压时，内部 J_1 结和 J_3 结反偏，使它具有反向阻断能力。但 IGBT 的反向电压承受能力很差，其反向阻断电压只有几十伏，因此限制了它在需要承受高反向电压场合的应用。

(2) IGBT 的转移特性。IGBT 的转移特性曲线如图 6 – 13(b) 所示，当 $U_{GE} > U_{GE(TH)}$（开启电压，一般为 3~6V）时，IGBT 导通，其输出电流 I_C 与驱动电压 U_{GE} 基本呈线性关系；当 $U_{GE} < U_{GE(TH)}$ 时，IGBT 关断。

C　IGBT 的主要参数

(1) 最大集射极间电压 U_{CEM}。该值是厂家根据器件的雪崩击穿电压而规定的，是集

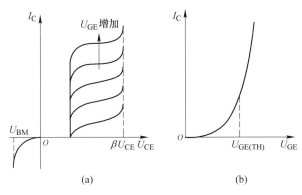

图6-13 IGBT的伏安特性和转移特性

（a）伏安特性；（b）转移特性

电极和发射极间短路时 IGBT 能承受的最高电压。

（2）栅射极额定电压 U_{GEM}。由于 IGBT 是电压控制器件，靠施加在栅极的电压信号控制 IGBT 的导通与关断，而 U_{GEM} 就是栅极控制信号的电压额定值。

（3）集电极电流最大值 I_{CM}。I_{CM} 是 IGBT 在导通时能流过管子的持续最大电流。

（4）最大集电极功耗 P_{CM}。P_{CM} 是正常工作温度下允许的最大功耗。

D IGBT 的驱动与保护

a IGBT 的驱动

图6-14是 IGBT 的实用驱动电路。IGBT 驱动电路的要求是：

（1）IGBT 是电压驱动的，其驱动电路必须很可靠，保证有一条低阻抗值的放电回路，即驱动电路与 IGBT 的连线尽量短。

（2）为保证栅极控制电压 u_{GE} 有足够陡的前后沿，采用内阻小的驱动源对栅极电容充放电，使 IGBT 的开关损耗尽量小。并且 IGBT 开通后，栅极驱动源应能提供足够的功率，使 IGBT 不退出饱和而损坏。

（3）驱动电路中正偏压应为 12～15V，负偏压应为 -2～-10V。

（4）IGBT 多用于高压场合，故驱动电路应与整个控制电路在电位上严格隔离。

（5）驱动电路应尽可能简单实用，具有对 IGBT 的自保护功能，并有较强的抗干扰能力。

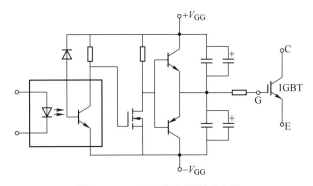

图6-14 IGBT的实用驱动电路

（6）若为大电感负载，IGBT 的关断时间不宜过短，以限制 di/dt 所形成的剑锋电压，保证 IGBT 的安全。

b IGBT 的保护

由于 IGBT 是由 MOSFET 和 GTR 复合而成的，因此 IGBT 的保护可按 GTR、MOSFET 保护电路来考虑。IGBT 的保护主要是栅源过电压保护，静电保护，采用 R、C、VD 缓冲电路等；还应在 IGBT 电控系统中设置过压、欠压、过流和过热保护单元，以保证其安全可靠工作；此外还要使 IGBT 使用的最大电流不超过其额定电流。

6.1.3 知识拓展

下面介绍几种其他新型电力电子器件。

（1）集成门极换流晶闸管（IGCT）。IGCT 是 20 世纪 90 年代后期出现的，它结合了 IGBT 与 GTO 的优点，是将一个平板型的 GTO 与由很多个并联的电力 MOSFET 器件和其他辅助元件组成的 GTO 门极驱动电路采用互联结构和封装工艺集成在一起。

IGCT 的容量与 GTO 相当，但开关速度比普通的 GTO 快 10 倍，可省去 GTO 庞大而复杂的缓冲电路，但仍需要很大的驱动功率；IGCT 不需要吸收电路，可以像晶闸管一样导通，也可以像 IGBT 一样关断；而且 IGCT 由于设计合理，其开通损耗可以忽略不计，再加上它的低导通损坏，使得它可以在以往大功率半导体器件无法满足的高频率下运行。IGCT 是一种较理想的兆瓦级、中压开关器件，非常适合用于 6kV 和 10kV 的中压开关电路。目前正在与 IGBT 等新型器件激烈竞争，试图最终取代 GTO 在大功率场合的位置。

（2）MOS 控制晶闸管（MCT）。MCT（MOS Controlled Thyristor）是由 MOSFET 与晶闸管组合而成的复合型器件，属于电压型控制器件。MCT 是在晶闸管结构基础上又制作了两只 MOSFET，其中用于控制 MCT 导通的那只 MOSFET 称为开通场效应管；用于控制阻断的那只 MOSFET 称为关断场效应管。

MCT 结合了 MOSFET 的高输入阻抗、低驱动功率、快速的开关过程和晶闸管的高电压大电流、低导通压降的特点。而且 MCT 还具有一个特性，就是即使关断失效，器件也不会损坏。当工作电压超过安全工作区范围时，MCT 可能会失效；而当峰值可控电流超过安全工作区时，MCT 不会自然损坏，而只是不能用门极关断失效而已。因此，MCT 可用简单的熔断器进行短路保护。MCT 曾一度被认为是一种最有发展前途的电力电子器件，但是经过多年努力，其关键技术问题没有很大的突破，电压和电流都远未达到预期的数值。因此，未能投入实际应用。

（3）静电感应晶体管（SIT）。SIT（Static Induction Transistor）是一种结型场效应管，是多子导电的器件，它的工作频率与电力 MOSFET 相当，甚至比电力 MOSFET 更高，而功率容量也比电力 MOSFET 更大。因而 SIT 适用于高频大功率场合，在雷达通信设备、超声波功率放大、脉冲功率放大和高频感应加热等领域获得应用。

SIT 的重要的特征是在门源短路，即门源电压为零时，器件处于导通状态。SIT 的正常导通关断方式为栅极不加信号时导通，加负偏压时关断，因此使用不太方便。而且 SIT 的通态电阻较大，通态损耗也比较大，所以还未在大多数电力电子设备中得到广泛应用。

（4）静电感应晶闸管（SITH）。SITH（Static Induction Thyristor）是在 SIT 基础上发展起来的新型电力电子器件，是在 SIT 的漏极层上附加一层与漏极层导电类型不同的发射极层而得到的，可以看作是 SIT 和 GTO 复合而成。SITH 的工作原理与 SIT 类似，即门极和阳极电压均能通过电场控制阳极电流，因此又被称为场控晶闸管（Field Controlled Thyristor，FCT）。由于 SITH 比 SIT 多了一个具有少子注入功能的 PN 结，因此 SITH 本质上是具有两种载流子导电的双极型器件，还被称为双极静电感应晶闸管 BSITH。

SITH 具有电导调制效应，通态压降低、通流能力强，很多特性与 GTO 类似，但开关速度比 GTO 高很多，是大容量的快速器件。其工作频率可达 100kHz 以上，所以在高频感应加热电源中，SITH 可取代传统的真空三极管。SITH 一般是正常导通型（即栅极不加信号时导通），但也有正常关断型。但是 SITH 由于制造工艺比 GTO 复杂很多，电流关断增益较小，因而还有待拓展。

（5）功率集成电路（PIC）。20 世纪 80 年代中后期开始模块化趋势，将多个器件封装在一个模块中，称为功率模块。功率模块可以缩小装置体积，降低成本，提高可靠性；对工作频率高的电路，可大大减小电路电感，从而简化对保护和缓冲电路的要求。如果将器件与逻辑、控制、保护、传感、检测、自诊断等信息电子电路制作在同一芯片上，称为功率集成电路（Power Integrated Circuit，PIC）。

PIC 的主要技术难点是高低压电路之间的绝缘问题以及温升和散热的处理。以前 PIC 的开发和研究主要集中在中小功率应用场合，而智能功率模块在一定程度上回避了上述两个难点，最近几年获得了迅速发展。

PIC 可分为智能功率集成电路（SPIC）和高压功率集成电路（HVIC）两类。智能功率集成电路（SPIC）是指一个（或几个）具有纵形结构的功率器件与控制和保护电路的集成，电流容量大而耐压能力差。高压功率集成电路（HVIC）是由多个高压器件与低压模拟器件或逻辑电路集成在一块芯片上，其功率器件是横向的，电流容量较小，而控制电路的电流密度较大。

PIC 实现了电能和信息的集成，成为机电一体化的理想接口。目前，PIC 的应用可分为三个领域：低压大电流 PIC，主要用于汽车点火、开关电源和同步发电机等；高压小电流 PIC，主要用于平板显示、交换机等；高压大电流 PIC，主要用于交流电动机控制、家用电器等。

（6）智能功率模块（IPM）。IPM（Intelligent Power Module，IPM）是指 IGBT 及其辅助器件与其保护和驱动电路的单片集成，也称智能 IGBT（Intelligent IGBT）。IPM 除了集成功率器件和驱动电路以外，还集成了过压、过流、过热等故障检测电路，并将检测信号传送至 CPU，以保证 IPM 自身在任何情况下不受损坏。当前，IPM 中的功率器件一般由 IGBT 充当。IPM 体积小、可靠性高、使用方便，主要用于交流电机控制、家用电器等。

任务 6.2　有源逆变电路

【知识目标】

（1）掌握有源逆变电路的基本概念和工作原理。

（2）理解有源逆变电路的条件。

（3）掌握三相桥式有源逆变电路的工作原理、波形。

【能力目标】

能调试有源逆变电路并进行参数测试。

6.2.1　任务描述与分析

相控整流电路既可工作在整流状态，又可在满足一定条件时工作在有源逆变状态，其电路的形式未变，只是电路工作条件发生了变化。本任务简要分析整流电路的有源逆变工作状态。

6.2.2　相关知识

6.2.2.1　逆变的概念及能量关系

把直流电转变成交流电的过程称为逆变，它是整流的逆过程。实现逆变过程的电路称为逆变电路或逆变器。既作整流又作逆变的电路称为变流器。

逆变电路分为无源源逆变电路和有源源逆变电路两种。将变流器的交流侧接到交流电源上，把直流电逆变为同频率的交流电反馈回电网上去，称为有源逆变；若将变流器的交流侧不与电网连接，而直接接到负载，即把直流电逆变为某一频率或可调频率的交流电供给负载，称为无源逆变。

图 6-15 所示是直流发电机-电动机系统，图中 M 为他励直流电动机，G 为他励直流发电机。控制发电机 G 电动势的大小和极性就可实现与直流电动机 M 的四象限的运行。下面分析以下几种情况电路中的能量关系。

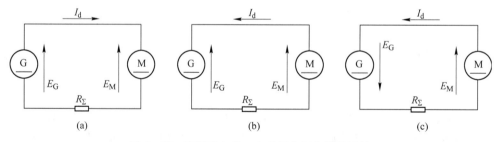

图 6-15　直流发电机-电动机之间电能的流转

图 6-15(a) 中两电动势同极性，且 $E_G > E_M$，M 作电动机运转，电流 I_d 从 G 流向 M，其大小为 $I_d = (E_G - E_M)/R_\Sigma$，电能由 G 流向 M，转变为 M 轴上输出的机械能。

图 6-15(b) 中两电动势同极性，且 $E_M > E_G$，系统工作在回馈制动状态下，此时 M 作发电机运转，电流反向，从 M 流向 G，其大小为 $I_d = (E_M - E_G)/R_\Sigma$，M 轴上输入的机械能转变为电能反送给 G。

图 6-15(c) 中两电动势反极性，形成短路。两电动势顺向串联，向电阻 R_Σ 供电，电流的大小为 $I_d = (E_G + E_M)/R_\Sigma$，G 和 M 均输出功率，由于 R_Σ 一般都很小，实际上形成短路，在工作中必须严防这类事故发生。

两个电动势同极性相接时，电流总是从电动势高的流向电动势低的，由于回路电阻很小，即使很小的电动势差值也能产生大的电流，使两个电动势之间交换很大的功率，这对分析有源逆变电路是十分有用的。

6.2.2.2　有源逆变的工作原理

下面以单相桥式电路代替发电机给电动机供电，如图 6 – 16 所示，以直流卷扬系统为例介绍有源逆变的工作原理。

A　整流工作状态

图 6 – 16(a) 所示为单相全控桥的整流电路及波形图。由学习情境 5 可知，对于单相全控整流电路，当控制角 α 在 $0 \sim \pi/2$ 之间的某个角度触发晶闸管时，上述变流电路输出的直流平均电压 $U_d = 0.9U_2\cos\alpha$，由于此时 α 均小于 $\pi/2$，因此 U_d 为正值。在该电压作用下，直流电动机转动，卷扬机将重物提升起来，直流电动机转动产生的反电势为 E_d，且 E_d 略小于输出直流平均电压 U_d，此时电枢回路的电流为：

$$I_d = \frac{U_d - E_d}{R}$$

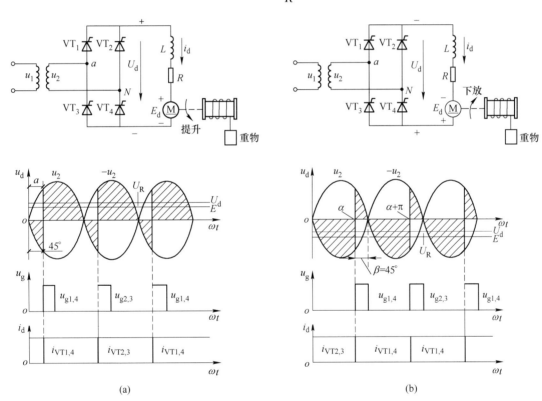

图 6 – 16　单相全控桥电路的整流和逆变

B　有源逆变工作状态

图 6 – 16(b) 是单相全控桥的逆变电路及波形图。在卷扬系统中，当重物下放时，由于重力对重物的作用，必将牵动电动机使之向与重物上升相反的方向转动，电动机产生的反电动势 E_d 的极性也将随之反相。如果变流器仍工作在 $\alpha < \pi/2$ 的整流状态，从上面曾分析过的电源能量流转关系不难看出，此时将发生电源间类似短路的情况。为此，只能让变流器工作在 $\alpha > \pi/2$ 的状态，因为当 $\alpha > \pi/2$ 时，其输出直流平均电压 U_d 为负，出现类似

图 6 – 15(b) 中两电源极性同时反向的情况，此时如果能满足 $E_d > U_d$，则回路中的电流为：

$$I_d = \frac{E_d - U_d}{R}$$

电流的方向是从电势 E_d 的正极流出，从电压 U_d 的正极流入，电流方向未变。显然，这时电动机为发电状态运行，对外输出电能，变流器则吸收上述能量并馈送回交流电网去，此时的电路进入到有源逆变工作状态。

通过以上分析可知，电路出现有源逆变必须同时满足下面三个条件：

（1）要有直流电动势，其极性须和晶闸管的导通方向一致，其值应大于变流器直流侧的平均电压。

（2）要求晶闸管的控制角 $\alpha > \pi/2$，使 U_d 为负值。

（3）为了保证逆变过程中电流连续，使有源逆变连续进行，电路中必须有足够大的电感。

从前面的分析可知，同一变流器既可工作在整流状态又可工作在逆变状态，其关键是电路的内部与外部条件不同。由于桥式半控整流晶闸管电路或皆有续流二极管的电路不可能输出负电压，因此这些电路不能实现有源逆变。

6.2.2.3　三相桥式的源逆变电路

如图 6 – 17 所示，三相桥式逆变电路与整流电路一样。

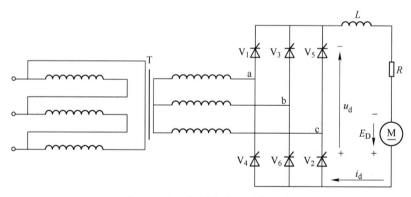

图 6 – 17　三相桥式有源逆变电路

A　工作原理

当电势 E_D 略大于平均电压 U_d 时，回路中电流 I_d 的流向是从 E_D 的正极流出而从 U_d 的正极流入，电动机向外输出能量，以发电状态运行；变流器则吸收能量并以交流形式回馈到交流电网，此时电路即为有源逆变工作状态。

电势 E_D 的极性由电动机的运行状态决定，而变流器输出电压 U_d 的极性则取决于触发脉冲的控制角。要得到有源逆变的运行状态，要求变流器晶闸管的触发控制角 α 应大于 $\pi/2$，但为了计算方便引入逆变角 β，令 $\alpha = \pi - \beta$，因此电路工作在有源逆变状态也就是要求逆变角 β 小于 $\pi/2$。图 6 – 18 为电路工作在有源逆变状态下的输出电压波形。

三相桥式逆变电路的工作与三相桥式整流电路一样，要求每隔 60° 依次触发晶闸管，

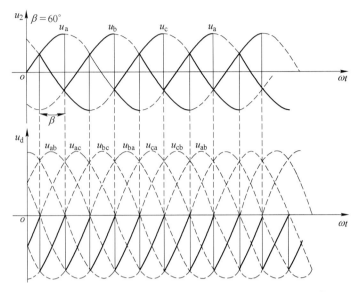

图 6-18　三相桥式全控逆变电路带阻感负载 $\beta = 60°$ 时的波形

电流连续时，每个管子导通 120°，触发脉冲必须是双窄脉冲或者是宽脉冲。

上述电路中，晶闸管阻断期间主要承受正向电压，而且最大值为线电压的峰值。

B　参数计算

直流侧电压：

$$U_d = -2.34U_2\cos\beta = -1.35U_{2L}\cos\beta$$

输出直流电流的平均值：

$$I_d = \frac{E_D - U_d}{R}$$

流过晶闸管的电流有效值：

$$I_{VT} = \frac{I_d}{\sqrt{3}} = 0.577I_d$$

变压器二次侧线电流的有效值：

$$I_2 = \sqrt{2}I_{VT} = \sqrt{\frac{2}{3}}I_d = 0.816I_d$$

6.2.2.4　逆变失败与最小逆变角的限制

电路在逆变状态运行时，如果出现晶闸管换流失败，则变流器输出电压与直流电压将顺向串联并相互加强，由于逆变电路的电阻很小，必将产生很大的短路电流，以致可能将晶闸管和变压器烧毁，上述事故称为逆变失败或逆变颠覆。

A　逆变失败原因分析

造成逆变失败的原因很多，大致可归纳为以下几个方面：

（1）触发电路工作不可靠。当触发电路不能适时、准确地供给各晶闸管触发脉冲（如脉冲丢失、脉冲延时等），造成脉冲丢失或延迟以及触发功率不够，均可导致换相失败。一旦晶闸管换相失败，势必造成一只元件从承受反向电压导通延续到承受正向电压导通，U_d 反向后将与 E_D 顺向串联，出现逆变失败。

（2）晶闸管出现故障。如果晶闸管参数选择不当，如额定电压选择裕量不足或晶闸管存在质量问题，都会使晶闸管在应该阻断的时候丧失了阻断能力，而应该导通时却无法导通。通过对波形分析可以发现晶闸管出现故障也将导致电路的逆变失败。

（3）交流电源出现异常。

从逆变电路电流公式 $I_d = \dfrac{E_D - U_d}{R}$ 可看出，电路在有源逆变工作状态下，若交流电源缺相或突然消失，公式中的 U_d 将减小或为零，从而使电流 I_d 增大以致发生电路逆变失败。

（4）电路换向时间不足。有源逆变电路的控制电路在设计时，应充分考虑变压器漏电感对晶闸管换流的影响以及晶闸管由导通到关断存在着时间的影响，否则将由于逆变角 β 太小造成换流失败，从而导致逆变失败的发生。

B　最小逆变角

选取最小逆变角 β_{min} 需要考虑的因素有：

（1）换相重叠角 γ。换相重叠角 γ 随电路形式、工作电流的不同而不同，一般选取为 $15° \sim 25°$ 电角度。

（2）晶闸管关断时间 t_q 所对应的电角度 δ。一般 t_q 可达 $200 \sim 300 \mu s$，则算电角度 δ 为 $4° \sim 5°$。

（3）安全裕量角 θ。考虑脉冲调整时不对称、电网波动等因素影响，还必须留有一个安全裕量角，一般选取 θ 为 $10°$。

由此可计算出最小逆变角 β_{min} 为：

$$\beta_{min} \geq \gamma + \delta + \theta \approx 30° \sim 35°$$

在设计有源逆变电路时，必须保证 β 大于 β_{min}，因此常在触发电路中附加一保护环节，保证触发脉冲不进入小于 β_{min} 的区域内。

6.2.3　知识拓展

有源逆变电路的典型应用是用于高压直流输电和绕线异步电动机的串级调速中。

6.2.3.1　高压直流输电

高压直流输电系统如图6-19所示，中间的直流环节不接负载，仅仅起到传输功率的作用。控制电路两侧变流阀的直流电压的极性和大小就可以控制功率的流向。例如，控制左边变流阀工作在整流状态，右边变流阀工作在逆变状态，能量从左边交流电网传递到右边交流电网中去。反之，则可实现交流电能的反向传输。这就是两个交流电网之间高压直流输电的基本原理。

图6-19　高压直流输电系统

6.2.3.2　绕线异步电动机的串级调速

绕线异步电动机串级调速系统原理如图 6 – 20 所示，其核心是要有一套可以产生附加电动势的装置，而且要求附加电势既要大小可调，又要使其频率与转子频率相同。目前应用广泛的是将转子电动势通过整流变为直流电势，再与一个可控的外加直流电势相串联。通常采用晶闸管有源逆变器来获得调速串入的直流附加电势。

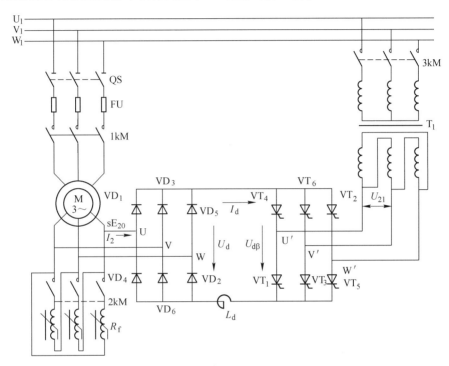

图 6 – 20　绕线异步电动机串级调速系统原理图

理想情况下，转子回路经三相不可控桥式整流后输出的直流电压平均值为：

$$U_d = 1.35 s E_{20}$$

式中，s 为转差率；E_{20} 为转子不动（即 $s=1$）时，转子绕组开路的线电势。

三相全控桥式有源逆变器输出的直流电压平均值为：

$$U_{d\beta} = 1.35 U_{21} \cos \beta$$

式中，U_{21} 是逆变器变压器副边绕组线电压有效值。

逆变电压可看作是加在异步电动机回路中的反电势，只要改变逆变角 β，就可以改变回路中的反电势，实现对绕线式异步电动机的转速控制。

在有源逆变状态下，直流回路的电压平衡方程为 $U_d = U_{d\beta}$，即

$$1.35 s E_{20} = 1.35 U_{21} \cos \beta$$

电动机转差率为：

$$s = \frac{U_{21}}{E_{20}} \cos \beta$$

上式表明，改变逆变角 β 的大小就可改变电动机的转差率，从而实现调试。

任务 6.3 无源逆变电路

【知识目标】

(1) 掌握无源逆变电路的基本概念、工作原理及分类。
(2) 理解电压逆变电路的电路结构、工作原理、输出波形和计算。
(3) 理解电流逆变电路的电路结构、工作原理、输出波形和计算。

【能力目标】

(1) 能看懂电压型和电流型逆变电路的原理。
(2) 能正确分析和调试电压型和电流型逆变电路并进行参数测试。

6.3.1 任务描述与分析

在实际应用中，需要将直流电能变成交流电能，这种电能的变换过程就是逆变。无源逆变电路是将直流电转换为频率、幅值固定或可变的交流电并直接供给负载的逆变电路。所谓"无源"是指逆变电路输出与电网的交流电无关。本任务主要分析无源逆变电路的工作原理、性能指标和实际应用。

6.3.2 相关知识

6.3.2.1 无源逆变概述

A 无源逆变电路的分类
逆变电路应用广泛，类型很多，概括起来可分为如下类型：
(1) 根据交流电的相数分类。
1) 单相逆变电路：适用于小功率领域。
2) 三相逆变电路：适用于中大功率领域。
(2) 根据输入直流电源特点分类。
1) 电压型逆变电路：电压型逆变器的输入端并接有大电容，输入直流电源为恒压源，逆变器将直流电压变换成交流电压。
2) 电流型逆变电路：电流型逆变器的输入端串接有大电感，输入直流电源为恒流源，逆变器将输入的直流电流变换为交流电流输出。
(3) 根据电路的结构特点分类，可分为半桥式逆变电路、全桥式逆变电路、推挽式逆变电路和其他形式（如单管晶体管逆变电路）。
(4) 根据使用器件的换流方式分类。
1) 全控开关器件换流逆变电路：利用开关器件换流可以省去复杂的换流电路，从而使电路简化，装置的体积小、重量轻。
2) 负载谐振式换流逆变电路：利用负载回路中电阻、电感和电容所形成的谐振电路特性来保证电力开关器件的可靠关断，主要有并联谐振式和串联谐振式换流方式逆变电路。

3）强迫换流逆变电路：采用专门的换流回路使半控型器件可靠换流。

B 无源逆变电路的基本工作原理

图 6-21 所示单相桥式逆变电路是最基本的无源逆变电路。通过分析该电路可以说明逆变电路的工作原理。

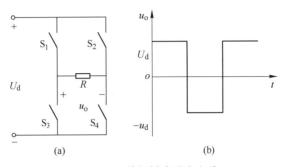

图 6-21 单相桥式逆变电路
（a）电路结构；（b）输出波形

图中，U_d 为输入直流电压，R 为逆变器的输出负载。

当开关 S_1、S_4 闭合，S_2、S_3 断开时，逆变器输出电压 $u_o = U_d$；

当开关 S_1、S_4 断开，S_2、S_3 闭合时，输出电压 $u_o = -U_d$；

当以频率 f_S 交替切换开关 S_1、S_4 和 S_2、S_3 时，则在电阻 R 上获得如图 6-21（b）所示的交变电压波形，其周期 $T_S = 1/f_S$，这样，就将直流电压 E 变成了交流电压 u_o。u_o 含有各次谐波，如果想得到正弦波电压，则可通过滤波器滤波获得。

图 6-21（a）中主电路开关 $S_1 \sim S_4$，它实际是各种半导体开关器件的一种理想模型。逆变电路中常用的开关器件有快速晶闸管、可关断晶闸管（GTO）、功率晶体管（GTR）、功率场效应晶体管（MOSFET）、绝缘栅晶体管（IGBT）。

C 换流及换流方式

逆变电路工作过程中，电流会从 S_1 到 S_2、S_4 到 S_3 转移。电流从一条支路向另一条支路转移的过程称为换流，也称为换相。研究换流方式主要研究如何使器件关断。换流方式可分为器件换流、电网换流、负载换流和强迫换流。

（1）器件换流：利用全控型器件（GTO、GTR、MOSFET 和 IGBT 等）的自关断能力进行换流。

（2）电网换流：由电网提供换流电压进行换流。它不需要器件具有门极可关断能力，只要对欲关断的元件施加一定时间的负极性电网电压即可。此方式不适用于没有交流电网的无源逆变电路。

（3）负载换流：由负载提供换流电压的换流方式。负载电流的相位超前于负载电压的场合，都可实现负载换流，即电容性负载都可实现负载换流。

图 6-22 为基本的负载换流逆变电路，四个桥臂均由晶闸管组成，负载为电阻电感串联后再和电容并联，附加电容的目的是使整个负载电路工作在接近并联谐振而略呈容性的状态，并改变负载功率因素。

直流侧串联一个很大的电感 L_d，因此认为 i_d 基本没有脉动，四个桥臂开关的切换仅使电流流通路径改变，所以负载电流基本成矩形波。由于负载工作在对基波电流接近并联谐振状态，故对基波阻抗很大而对谐波阻抗很小，因此负载电压波形接近于正弦波。

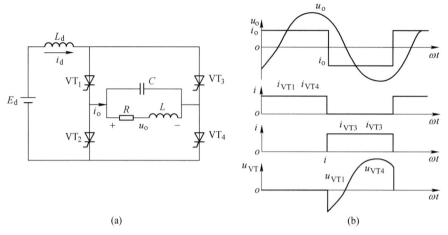

(a)　　　　　　　　　　　　　　　　(b)

图6-22　负载换流电路及其工作波形

（4）强迫换流：设置附加的换流电路，给欲关断的晶闸管强迫施加反压或反电流的换流方式称为强迫换流。此方式通常利用附加电容上所储存的能量来实现，因此也称为电容换流。

由换流电路内电容直接提供换流电压称为直接耦合式强迫换流。如图6-23所示当晶闸管VT处于通态时，预先给电容充电。当S闭合，就可使VT被施加反压而关断，因此也称电压换流。

通过换流电路内电容和电感耦合提供换流电压或换流电流称为电感耦合式强迫换流，如图6-24所示。此方式先使晶闸管电流减为零，然后通过反并联二极管使其加上反向电压，也称电流换流。

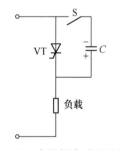　　　　　　　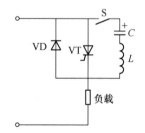

图6-23　直接耦合式强迫换流　　　　图6-24　电感耦合式强迫换流

D　无源逆变电路用途

（1）可以做成变频变压电源（VVVF），主要用于交流电动机调速。

（2）可以做成恒频恒压电源（CVCF），其典型代表为不间断电源（UPS）、航空机载电源、机车照明，通信等辅助电源也要用CVCF电源。

（3）可以做成感应加热电源，如中频电源、高频电源等。

6.3.2.2　电压型逆变电路

A　电压型单相半桥逆变电路

a　电路结构及波形

如图 6 – 25(a) 所示，电压型单相半桥逆变电路有两个桥臂，每个桥臂由一个可控器件和一个反并联二极管组成。在直流侧接有两个相互串联的足够大的电容，而且两个电容的联结点是直流电源的中点。负载连接在直流电源中点和两个桥臂联结点之间。

电路的电压、电流波形如图 6 – 25(b) ~ (e) 所示。

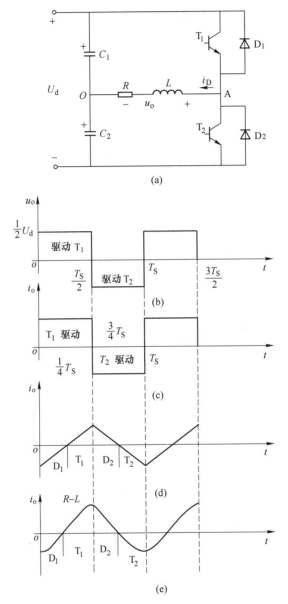

图 6 – 25 单相半桥逆变电路及其电压、电流波形

(a) 电路结构；(b) 电压波形；(c) 电阻负载电流波形；

(d) 电感负载电流波形；(e) RL 负载电流波形

b 工作原理

在一个周期内，电力晶体管 T_1 和 T_2 的基极信号各有半周正偏、半周反偏，且互补。

若负载为阻感负载，设 t_2 时刻以前，T_1 有驱动信号导通，T_2 截止，则 $u_o = U_d/2$。

t_2 时刻关断的 T_1，同时给 T_2 发出导通信号。由于感性负载中的电流 i_o 不能立即改变方向，于是 D_2 导通续流，$u_0 = -U_d/2$。

t_3 时刻 i_o 降至零，D_2 截止，T_2 导通，i_o 开始反向增大，此时仍然有 $u_0 = -U_d/2$。

在 t_4 时刻关断 T_2，同时给 T_1 发出导通信号，由于感性负载中的电流 i_o 不能立即改变方向，D_1 先导通续流，此时仍然有 $u_0 = U_d/2$。

t_5 时刻 i_o 降至零，T_1 导通，$u_0 = U_d/2$。

在电路中，二极管 VD_1 和 VD_2 称为续流二极管或反馈二极管，它们的主要作用是为感性负载滞后的负载电流提供反馈到直流电源的通路，同时它们也是防止电感产生的反压损坏开关器件。

c　输出各电量关系

输出电压有效值为：

$$U_o = \sqrt{\frac{1}{T}\int_0^{\frac{T_S}{2}}\left(\frac{U_d}{2}\right)^2 dt} = \frac{U_d}{2}$$

由傅里叶分析，输出电压瞬时值为：

$$u_o = \sum_{n=1,3,5,\cdots}^{\infty} \frac{2U_d}{n\pi}\sin n\omega t$$

式中，$\omega = 2\pi f_s$ 为输出电压角频率，当 $n=1$ 时其基波分量的有效值为：

$$U_{o1} = \frac{2U_d}{\sqrt{2}\pi} = 0.45U_d$$

d　特点与应用

电压型单相半桥逆变电路的特点是电路简单，使用器件少，输出电压小，需要控制两个电容电压的均衡。它适用于小功率的逆变电路，适用于几千瓦以下的小功率逆变电源。

B　电压型单相全桥逆变电路

a　电路结构及波形

如图 6-26(a) 所示，电压型单相全桥型逆变电路可看成由两个半桥电路组合而成，共 4 个桥臂，桥臂 T_1 和 T_4 为一对，桥臂 T_2 和 T_3 为另一对，成对桥臂同时导通，两对桥臂各交替导通 $180°$。

电路的电压、电流波形如图 6-26(b) 所示。

b　电路工作过程

开关对 T_1、T_4 导通时，A 点电位 $U_A = U_d$，B 点电位 $U_B = 0$，输出电压为 U_d，负载电流 i_o 由 A 流向 B。

开关对 T_2、T_3 导通时，A 点电位 $U_A = 0$，B 点电位 $U_B = U_d$，输出电压为 $-U_d$，负载电流 i_o 由 B 流向 A。

电路的输出波形和半桥的输出波形相同，其幅值比半桥情况高一倍。电路负载和半桥相同时，i_o 的波形也和半桥时相同，其幅值也比半桥情况下高一倍。

c　基本数量关系

将输出的矩形波电压展开成傅里叶级数得：

$$u_o = \sum_{n=1,3,5,\cdots}^{\infty} \frac{4U_d}{n\pi}\sin n\omega t$$

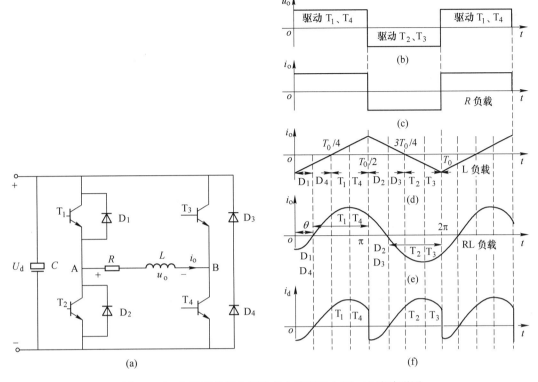

图 6 – 26　电压型单相全桥逆变电路图及电压、电流波形图

（a）电路结构；（b）负载电压波形；（c）电阻负载电流波形；
（d）电感负载电流波形；（e）RL 负载电流波形；（f）输入电流波形

其中基波分量的幅值和有效值分别为：

$$U_{\text{o1m}} = \frac{4U_{\text{d}}}{\pi} = 1.27U_{\text{d}}$$

$$U_{\text{o1}} = \frac{2\sqrt{2}U_{\text{d}}}{\pi} \approx 0.9U_{\text{d}}$$

无论是半桥式还是全桥式逆变电路，若逆变电路输出频率比较低，电路中开关器件可以采用 GTO；若逆变输出频率比较高，则应采用 GTR、MOSFET 或 IGBT 等高频自关断器件。

C　电压型三相桥式逆变电路

a　电路原理

三个单相逆变电路可组合成一个三相逆变电路。图 6 – 27 所示为电压型三相桥式逆变电路，电路的直流侧有一个大电容，为理解方便画作串联的两个电容器，并标出假想的中点 N′。

b　工作过程

电压型三相桥式逆变电路的基本工作方式为 180°导电型，即每个桥臂的导电角度为 180°，同一相上下桥臂交替导电的纵向换流方式，各相开始导电的时间依次相差 120°。

在一个周期内，开关元件按标号 1、2、3、4、5、6 的次序每隔 60°，依次赋予导通信号。任意时刻均有三个管子同时导通，导通的组合顺序为 $T_1T_2T_3$、$T_2T_3T_4$、$T_3T_4T_5$、

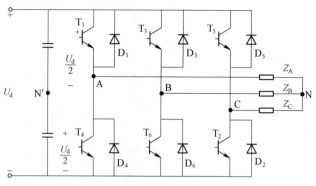

图 6 - 27　三相桥式逆变电路

$T_4T_5T_6$、$T_5T_6T_1$、$T_6T_1T_2$，每种组合工作 60°。

　　c　各相负载相电压和线电压

　　图 6 - 28 所示为三相桥式逆变电路的工作波形。为方便分析，将一个工作周期分成 6 个区域。

　　在 $0 < \omega t \leqslant \pi/3$ 区域内，设 $u_{g1} > 0$，$u_{g2} > 0$，$u_{g3} > 0$，则有 T_1、T_2、T_3 导通。线电压为：

$$\begin{cases} U_{AB} = 0 \\ U_{BC} = U_d \\ U_{CA} = -U_d \end{cases}$$

输出相电压为：

$$\begin{cases} U_{AN} = \dfrac{1}{3}U_d \\ U_{BN} = \dfrac{1}{3}U_d \\ U_{CN} = -\dfrac{2}{3}U_d \end{cases}$$

根据同样的思路可得其余 5 个时域的相电压和线电压的值。

　　d　负载相电压和线电压幅值分析

电压型三相桥式逆变电路负载相电压 U_{AN} 展开傅里叶级数得：

$$u_{AN} = \frac{2U_d}{\pi}\left(\sin\omega t + \frac{1}{5}\sin5\omega t + \frac{1}{7}\sin7\omega t + \frac{1}{11}\sin11\omega t + \frac{1}{13}\sin13\omega t + \cdots \right)$$

负载相电压有效值为：$U_{AN} = \sqrt{\dfrac{1}{2\pi}\int_0^{2\pi} u_{AN}^2 \mathrm{d}\omega t} = 0.471U_d$

负载相电压基波幅值为：$U_{AN1m} = \dfrac{2U_d}{\pi} = 0.637U_d$

相电压基波有效值为：$U_{AN1} = \dfrac{U_{AN1m}}{\sqrt{2}} = 0.45U_d$

电压型三相桥式逆变电路输出线电压 U_{AB} 展开成傅里叶级数得：

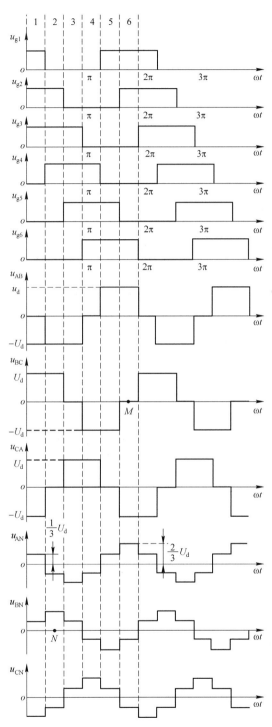

图 6-28 三相桥式逆变电路的工作波形

$$u_{AB} = \frac{2\sqrt{3}U_d}{\pi}\left(\sin\omega t - \frac{1}{5}\sin5\omega t - \frac{1}{7}\sin7\omega t + \frac{1}{11}\sin11\omega t + \frac{1}{13}\sin13\omega t - \cdots\right)$$

输出线电压有效值为：

$$U_{AB} = \sqrt{\frac{1}{2\pi}\int_0^{2\pi} u_{AB}^2 \mathrm{d}\omega t} = 0.816U_d$$

线电压基波幅值为：

$$U_{AB1m} = \frac{2\sqrt{3}U_d}{\pi}$$

线电压基波有效值为：

$$U_{AB1} = \frac{U_{AB1m}}{\sqrt{2}} = \frac{\sqrt{6}}{\pi}U_d = 0.78U_d$$

D　电压型逆变电路的特点

(1) 直流侧为电压源，一般并联有大电容，相当于电压源。直流侧电压基本无脉动，直流回路呈现低阻抗。

(2) 由于直流电压源的钳位作用，交流侧输出电压波形为矩形波，与负载阻抗角无关，交流侧输出电流波形和相位因负载阻抗情况的不同而不同。

(3) 当交流侧为阻感负载时需要提供无功功率，直流侧电容起缓冲无功能量的作用。为了给交流侧向直流侧反馈的无功提供通道，逆变桥各臂都并联反馈二极管。

6.3.2.3　电流型逆变电路

A　电流型单相桥式逆变电路

a　电路结构

图6-29(a) 所示是一种单相桥式电流型逆变电路的原理图。电路由四个晶闸管桥臂构成，每个桥臂均串联一个电抗器 L_T，用来限制晶闸管的电流上升率 $\mathrm{d}i/\mathrm{d}t$。由于采用负载换流方式工作，要求负载电流略超前于负载电压，即负载略呈容性。电容 C 和 L、R 构成并联谐振电路。

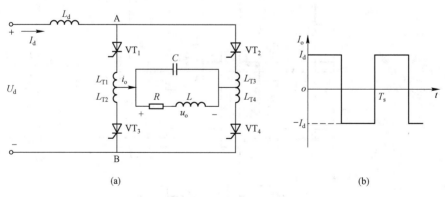

(a)　　　　　　　　　　　　　　(b)

图6-29　电流型单相桥式逆变电路

b　工作过程

当 VT_1、VT_4 导通，VT_2、VT_3 关断时，$I_o = I_d$；反之，$I_o = -I_d$。

当以频率 f 交替切换开关管 VT_1、VT_4 和 VT_2、VT_3 时，则在负载上获得如图6-29(b)所示的电流波形。

输出电流波形为矩形波，与电路负载性质无关，而输出电压波形则由负载性质决定。

主电路开关管采用自关断器件时，如果其反向不能承受高电压，则需在各开关器件支路串入二极管。

c 电流波形参数计算：

输出电流波形 i_o 展开成傅里叶级数，有：

$$i_o = \frac{4I_d}{\pi}\left(\sin\omega t + \frac{1}{3}\sin3\omega t + \frac{1}{5}\sin5\omega t + \cdots\right)$$

其中基波幅值 I_{o1m} 和基波有效值 I_{o1} 分别为：

$$I_{o1m} = \frac{4I_d}{\pi} = 1.27I_d$$

$$I_{o1} = \frac{4I_d}{\sqrt{2}\pi} = 0.9I_d$$

B 电流型三相桥式逆变电路

a 电路原理

如图 6 – 30 所示为电流型三相桥式逆变电路原理图。采用反向阻断型 GTO，交流侧电容是为了吸收换流时负载电感中存储的能量而设置的，三相电流型桥式逆变电路采用 120°导电方式，即每个桥臂一周期内导电 120°，按 1 ~ 6 的顺序每隔 60°依次导通，这样每个时刻上下桥臂各有一个臂导通，换流时，在上桥臂组或下桥臂组的组内依次换流，属横向换流。

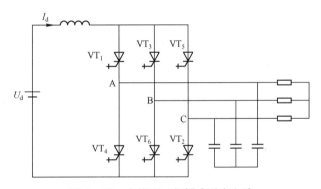

图 6 – 30 电流型三相桥式逆变电路

b 工作波形

图 6 – 31 是电流型三相桥式逆变电路的输出波形图。输出电流波形和负载性质无关，是正负脉冲宽度各为 120°的矩形波。三相桥式逆变电路输出电流波形和三相桥式可控整流电路在大电感负载下的交流输入电流波形相同，谐波分析表达式也相同。

三相桥式逆变电路输出线电压波形和负载性质有关，大体为正弦波，但是叠加了换流尖峰电压（毛刺），其数值较大，在选择关断器件耐压时必须考虑输出电流的基波有效值 I_{o1} 和直流电流 I_d 的关系式为：

$$I_{o1} = \frac{\sqrt{6}}{\pi}I_d = 0.78I_d$$

C 电流型逆变电路的特点

（1）直流侧串联有大电感，相当于电流源。直流侧电流基本无脉动，直流回路呈现高阻抗。因此短路的危险性要比电压型逆变电路小得多。

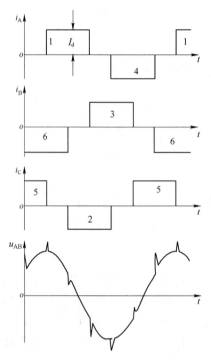

图 6 - 31　电流型三相桥式逆变电路工作波形

（2）电路中开关器件的作用仅是改变直流电流的流通路径，因此交流侧输出电流为矩形波，并且与负载阻抗角无关。而交流侧输出电压波形和相位则因负载阻抗情况的不同而不同。

（3）当交流侧为阻感负载时需要提供无功功率，直流侧电感起缓冲无功能量的作用。由于反馈无功能量时直流电流并不反向，因此不必像电压型逆变电路那样要给开关器件反并联二极管，电路也比电压型逆变电路要简单些。

6.3.3　知识拓展

6.3.3.1　SPWM 的基本控制原理

将一个正弦波半波电压分成 N 等份，并把正弦曲线每一等份所包围的面积都用一个与其面积相等的等幅矩形脉冲来代替，且矩形脉冲的中点与相应正弦等份的中点重合，得到如图 6 - 32 所示的脉冲列。这就是 PWM 波形。正弦波的另外一个半波可以用相同的办法来等效。

PWM 波形的脉冲宽度按正弦规律变化，称为 SPWM（Sinusoidal Pulse Width Modulation）波形。

6.3.3.2　单相桥式 PWM 变频电路的工作原理

（1）单极性 PWM 控制方式工作原理。按照 PWM 控制的基本原理，把希望输出的正弦波作为调制信号 u_r，把接受调制的等腰三角形波作为载波信号 u_c。逆变电路输出的 u_o 为 PWM 波形，如图 6 - 33 所示，u_{of} 为 u_o 的基波分量。由于在这种控制方式中的 PWM 波形只能在一个方向变化，故称为单极性 PWM 控制方式。

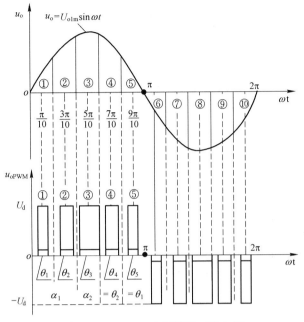

图 6-32　SPWM 电压等效正弦电压

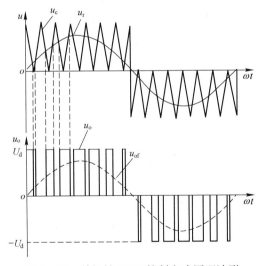

图 6-33　单极性 PWM 控制方式原理波形

（2）双极性 PWM 控制方式工作原理。电路如图 6-34 所示，调制信号 u_r 仍然是正弦波，载波信号 u_c 变为正负两个方向变化的等腰三角形波，如图 6-35 所示。

6.3.3.3　PWM 的优点

（1）既可分别调频、调压，也可同时调频调压，都由逆变器统一完成，仅有一个可控功率级，从而简化了主电路和控制电路的结构，使装置的体积小、重量轻、造价低、可靠性高。

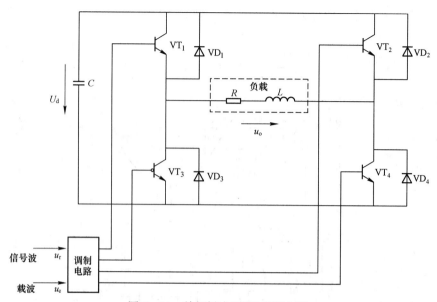

图 6 - 34　单相桥式 PWM 变频电路

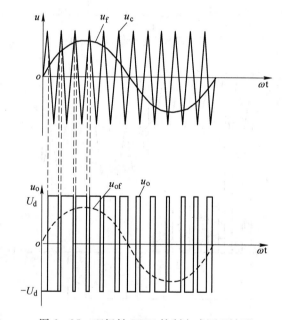

图 6 - 35　双极性 PWM 控制方式原理波形

（2）直流电压是由二极管整流获得，交流电网的输入功率因数与逆变器输出电压的大小和频率无关而接近 1。如有数台装置，可由同一台不可控整流器输出作直流公共母线供电。

（3）输出频率和电压都在逆变器内控制和调节，其响应速度取决于电子控制回路，而与直流回路的滤波参数无关，所以调节速度快，且可使调节过程中频率和电压相配合，以获得良好的动态性能。

（4）输出电压或电流波形接近正弦，从而减小谐波分量。

习　题

6-1　可关断晶闸管简称、电气符号及工作原理是什么?

6-2　在使用可关断晶闸管时应注意哪些事项?

6-3　电力晶体管的简称、电气符号是什么?

6-4　电力晶体管的共射极输出特性分为哪几个区? 各个区的特点是什么?

6-5　什么是电力晶体管的二次击穿?

6-6　电力场效应管的特点、电气符号是什么?

6-7　缘栅双极型晶体管的特点、电气符号和工作原理是什么?

6-8　什么是有源逆变,它与整流有何区别?

6-9　有源逆变的条件是什么?

6-10　最小逆变角受哪些条件限制?

6-11　无源逆变电路和有源逆变电路有何区别?

6-12　电压型逆变电路中的反馈二极管的作用是什么?

6-13　电流型逆变电路的主要特点是什么?

6-14　画出电流型三相桥式逆变电路及输出电流波形,分析工作原理。

6-15　三相桥式电压型逆变电路采用180°导电方式,当其直流侧电压 $U_d = 100V$ 时。

　　(1) 求输出相电压基波幅值和有效值;

　　(2) 求输出线电压基波幅值和有效值;

　　(3) 输出线电压中五次谐波的有效值。

附 表

附表 A 国产半导体器件的命名方法

第一部分		第二部分		第三部分				第四部分	第五部分
符号	意义	字母	意义	字母	意义	字母	意义	意义	意义
2	二极管	A	N 型，锗材料	P	普通	X	低频小功率 $(f_a<3\text{MHz},\ P_c<1\text{W})$	反映二极管、三极管参数的差别	反映二极管、三极管承受反向击穿电压的高低，如 A、B、C、D…其中，A 承受的反向击穿电压最低，B 稍高
		B	P 型，锗材料	W	稳压管				
		C	N 型，硅材料	Z	整流管	G	高频小功率 $(f_a>3\text{MHz},\ P_c<1\text{W})$		
		D	P 型，硅材料	L	整流堆				
3	三极管	A	PNP 型，锗材料	N	阻尼管	D	低频大功率 $(f_a<3\text{MHz},\ P_c>1\text{W})$		
		B	NPN 型，锗材料	K	开关管				
		C	PNP 型，硅材料	F	发光管	A	高频大功率 $(f_a>3\text{MHz},\ P_c>1\text{W})$		
		D	NPN 型，硅材料	S	隧道管				
		E	化合物材料	U	光电管	T	可控硅		
						GS	场效应管		
						BT	特殊器件		

附表 B 日本半导体器件的命名方法

第一部分		第二部分		第三部分		第四部分		第五部分	
序号	意义	符号	意义	序号	意义	序号	意义	序号	意义
0	光电二极管或三极管	S	已在日本电子工业协会注册登记的半导体器件	A	PNP 高频晶体管	多位数字	该器件在日本电子工业协会的注册登记号	A B C D	该器件为原型号产品的改进产品
				B	PNP 低频晶体管				
				C	NPN 高频晶体管				
1	二极管			D	NPN 低频晶体管				
				E	P 控制极可控硅				
2	三极管或有三个电极的其他器件			G	N 控制极可控硅				
				H	N 基极单结晶管				
				J	P 沟道场效应管				
					N 沟道场效应管				
3	四个电极的器件			M	双向可控硅				

附表 C　美国半导体器件的命名

第一部分		第二部分		第三部分		第四部分		第五部分	
用符号表示器件的类别		用数字表示 PN 结数目		美国电子工业协会注册标志		美国电子工业协会登记号		用字母表示器分挡	
序号	意义	序号	意义	序号	意义	序号	意义	序号	意义
JAN 或 J	军用品	1	二极管	N	该器件是在美国电子工业协会注册登记的半导体器件	多位数字	该器件在美国电子工业协会的注册登记号	ABCD	同一型号器件的不同挡别

参 考 文 献

［1］陈庆礼. 电子技术［M］. 北京：机械工业出版社，2011.

［2］付植桐. 电子技术［M］. 北京：高等教育出版社，2014.

［3］王志华. 电子电路的计算机辅助分析与设计方法［M］. 北京：清华大学出版社，1996.

［4］陈大钦. 模拟电子技术基础［M］. 北京：高等教育出版社，2000.

［5］华成英. 电子技术［M］. 北京：中央广播电视大学出版社，1996.

［6］杨素行. 模拟电子技术简明教程［M］. 北京：高等教育出版社，1998.

［7］王晓荣. 电工电子技术基础［M］. 武汉：武汉理工大学出版社，2012.

［8］姜俐侠. 模拟电子技术项目式教程［M］. 北京：机械工业出版社，2011.

［9］黄冬梅. 电子技术［M］. 北京：中国轻工业出版社，2007.

［10］王兆安. 电力电子技术［M］. 北京：机械工业出版社，2012.

［11］浣喜明，姚为正. 电力电子技术［M］. 北京：高等教育出版社，2012.

［12］侯建军. 数字电子技术基础［M］. 北京：高等教育出版社，2010.

［13］樊立萍，王忠庆. 电力电子技术［M］. 北京：北京大学出版社，2006.

［14］王成安. 电力电子技术及应用项目教程［M］. 北京：电子工业出版社，2011.

［15］熊年禄. 数字电路［M］. 武汉：武汉大学出版社，2011.

［16］阎石. 数字电子技术基础［M］. 北京：高等教育出版社，2008.

［17］沈任元. 数字电子技术基础［M］. 北京：机械工业出版社，2015.

［18］杨力. 电子技术［M］. 北京：中国水利水电出版社，2006.

［19］张绪光. 模拟电子技术［M］. 北京：北京大学出版社，2010.